DIE STOFFLICHEN GRUNDLAGEN DER VERERBUNG IM ORGANISCHEN REICH

VERSUCH EINER GEMEINVERSTÄNDLICHEN DARSTELLUNG

VON

EDUARD STRASBURGER
O. Ö. PROFESSOR DER BOTANIK AN DER UNIVERSITÄT BONN

JENA
VERLAG VON GUSTAV FISCHER
1905

Inhaltsübersicht.

	Seite
Einleitung	1
Die Zelle	2
Protoplasma und Protoplast	2
Aufbau der Pflanzen und Tiere aus Zellen	3
Ihr Ursprung aus dem Ei	3
Die Befruchtung des Eies	3
Der Entwicklungsgang der Tiere und Pflanzen	3
Die Vegetationspunkte der Pflanzen	3
Das Auffinden der Kernteilungsfiguren	4
Aeltere Ansichten über Kernentstehung	6
Versuche, den Zellinhalt zu härten	7
Beobachtungen an diesem	7
Die Kernteilungsfiguren	7
Der neue Aufschwung der histologischen Arbeit und die an ihr besonders beteiligten Forscher	8
Die Schwierigkeit der Aufgabe	8
Die Vervollkommnung der histologischen Technik	9
Die optischen Instrumente	9
Die Selbständigkeit der den Zellkern aufbauenden, als Chromosomen bezeichneten Elemente	10
Versuche, diese Selbständigkeit nachzuweisen	10
Die Spaltung einzelner Merkmalpaare bei der Fortpflanzung bestimmter Hybriden als Stütze dieser Selbständigkeit	10
Die Erbeinheiten	10
Der Bau des ruhenden Kernes	11
Sein Maschenwerk	11
Chromatin und Linin	11
Pangene	11
Theoretische Grenzen der Chromosomen	11
Doppelter Ursprung der Chromosomen in den Gewebekernen höher organisierter Pflanzen	12
Chromosomen väterlichen und mütterlichen Ursprungs	12

Seite

Generationswechsel 12
Geschlechtliche Generation höher organisierter Pflanzen mit einfacher Chromosomenzahl 13
Ungeschlechtliche Generation mit doppelter Chromosomenzahl 13
Gametophyt und Sporophyt 13
Entwicklungsgeschichte eines Farnkrautes, des Wurmfarnes 13
Prothallium und Geschlechtsorgane 13
Der aus der befruchteten Eizelle hervorgehende Sporophyt 14
Sporen, Sporangien und Sporangienhäufchen 14
Reduktionsteilung bei der Sporenbildung 14
Die sich im phylogenetischen Entwicklungsgang der farnähnlichen Gewächse vollziehende Sonderung der Sporen in Mikro- und Makrosporen, männliche und weibliche Sporen 16
Reduktion der Prothallien 17
Mikro- und Makrosporen der Phanerogamen, ihr Pollen und ihre Embryosäcke 18
Reduktion des Prothalliums bei den Phanerogamen 19
Die Bildung beweglicher Samenfäden hört auf 19
Bildung der Pollenschläuche 21
Einschränkung des Gametophyts 21
Vorherrschen des Sporophyts 21
Entgegengesetztes Verhalten der Moose 21
Die Doppelzahl der Chromosomen im Kern des Sporophyts 22
Gereizte Kerne verraten unter Umständen die Selbständigkeit ihrer Chromosomen 23
Die Chromosomen durch dichtere Stellen des Kerngerüsts angedeutet . . 23
Die Sonderung der Chromosomen mit Beginn jeder neuen Kernteilung . . 24
Der Vorgang der Sonderung 25
Zusammenballung der Pangene zu größeren Körperchen, Pangenosomen . 25
Ihre Vereinigung zu Iden 25
Idanten oder Chromosomen 25
Einfach- und doppelchromosomige Generationen oder Haploid und Diploid 25
Sonderung der Chromosomen, ihre bandartige Abflachung und Längsspaltung 26
Teilung der Iden dabei 26
Ausbildung der Kernspindel 26
Entstehung der Spindelfasern, ihr Verlauf, ihr Ansatz an den Längshälften der Chromosomen 26
Ursprung der Spindelfasern 26
Schwund der Kernwandung. Verhalten der Nukleolarsubstanz 27
Auf die Prophasen der Teilung folgen die Metaphasen 27
Trennung der Tochterchromosomen und ihre Beförderung nach den Spindelpolen 27
Zugfasern und Stützfasern 27
Die Trennung der Tochterchromosomen ist der Höhepunkt der Kernteilung 27
Die Teilungsvorgänge der Kerne sind sehr zusammengesetzter Natur . . 27
Es läßt sich hieraus auf ihre Beziehung zu den Vererbungsvorgängen schließen 27
Entwicklung und Förderung dieser Vorstellung 27
Die minutiösen Vorgänge der Längsspaltung der Chromosomen bei Kern-

Seite

teilungen sichern den Tochterkernen dieselbe qualitative Zusammensetzung, wie sie dem Mutterkern zukam 28
Versuche mit doppelt befruchteten Seeigeleiern zum Nachweis der qualitativen Verschiedenheit der einzelnen Chromosomen 28
Ungleiches Aussehen der Chromosomen in den Geschlechtsprodukten der Insekten als Stütze ihrer Verschiedenheit 29
Die Vereinigung gleichgroßer Chromosomen zu Paaren in den sich teilenden Kernen der doppelchromosomigen Generation erweckt die Vorstellung, daß die einander entsprechenden Chromosomen väterlichen und mütterlichen Ursprungs beieinander liegen 29
Die Annahme einer Verschiedenheit der einzelnen Abschnitte eines Chromosoms wird durch die Spaltungsregeln der Rassenhybriden nahegelegt . . 30
Die Anaphasen der Kernteilung 30
Beförderung der Tochterchromosomen nach den Spindelpolen 30
Bildung der Tochterkerne, Telophasen der Teilung 31
Die Telophasen wiederholen in rückläufiger Bewegung die Prophasen . . 31
Verhalten der Chromosomen in der Tochterkernanlage 31
Auftreten der Nukleolen 31
Die Chromosomen sondern sich beim nächsten Teilungsschritt in derselben Lage aus dem Wabenwerk heraus, in der sie in dasselbe eintraten . . 31
Konstanz der Chromosomenzahl 31
Herabsetzung der Chromosomenzahl in den Nachkommenbildnern oder Gonotokonten 32
Schwierigkeit der Deutung der Teilungsbilder bei diesem Vorgang . . . 32
Der Teilungsvorgang als heterotypisch bezeichnet 32
Der direkten Beobachtung nach schienen zwei Längsspaltungen der Chromosomen bei der heterotypischen Teilung zu erfolgen 32
So würden nur Aequationsteilungen vorliegen 33
Der als erste Längsspaltung gedeutete Vorgang stellt eine Trennung zuvor vereinter Chromosomen vor 33
Ganze Chromosomen trennen sich, um auf die Tochterkerne verteilt zu werden 33
Das führt zu einer qualitativen Reduktionsteilung 33
Die früheren Bemühungen um die Lösung des Problems und der Stand der Frage nach dem Bekanntwerden der Spaltungsregeln bei Hybriden . . 33
Studium der jüngsten Zustände der Prophasen der heterotypischen Teilung 34
Schilderung der Vorgänge, wie sie sich jetzt darstellen 34
Paarweise Sonderung der Chromosomen in den Prophasen 35
Zustand der Synapsis 35
Paarweises Ausspinnen der Chromosomen zu langen Fäden 35
Die übereinstimmende Verteilung der Iden auf diesen Fäden 35
Paarweise Verschmelzung der gegenüberliegenden Iden 37
Theoretische Erörterung des Vorganges 37
Mit der Vereinigung der Geschlechtskerne im Ei findet die Befruchtung noch nicht ihren Abschluß, erst mit der Verschmelzung der Iden in den Gonotokonten 38
Verkürzung und Verdickung des Fadenknäuels im Kern 38
Trennung der zuvor verschmolzenen Iden, scheinbare Längsspaltung des Faden-

Seite

knäuels, die tatsächlich nur eine Sonderung der verschmolzenen Fadenpaare ist 39
Baldige Trennung dieser Fäden, im Gegensatz zur Entstehung von Tochterchromosomen, die aus wirklicher Längsspaltung bei gewöhnlichen Kernteilungen hervorgehen 39
Segmentierung des Fadenknäuels in Abschnitte 39
Jeder Abschnitt stellt ein Chromosomenpaar dar 39
Bei verschieden großen Chromosomen je zwei gleichlange in jedem Paar . 39
Wirkliche Längsteilung eines jeden Chromosoms, ohne Trennung der Längshälften 40
Verkürzung und Verdickung der Paare 40
Ihre Verteilung an der Kernwandung, Zustand der Diakinese 40
Bildung der Kernspindel 40
Die Spindelfasern setzen an die ganzen Chromosomen jedes Paares an und nicht an ihre Längshälften 41
Trennung der beiden Chromosomen jedes Paares, der eigentliche Vorgang der Reduktionsteilung 41
Teilweise Trennung der Längshälften jedes Chromosoms während seiner Wanderung nach den Spindelpolen 41
Telophasen in den Tochterkernanlagen 42
Rasche Folge der Teilung der Tochterkerne 42
Die beiden Längshälften jedes Chromosoms sondern sich gemeinsam in den Prophasen heraus 42
Sie werden so in die Kernspindeln eingereiht und auf die Enkelkerne verteilt 42
Diese erhalten somit Tochter- und nicht Enkelchromosomen 42
Die Centrosomen tierischer Zellen und der Zellen niederer Gewächse . . 42
Merkmalsspaltungen bei Hybriden 44
Die Hybriden aus Erbsenrassen mit gelben und mit grünen Keimen bilden nur gelbe Keime 44
Dominierende und rezessive Merkmale 45
Trennung der Merkmale bei der Reduktionsteilung in den Gonotokonten . 45
Theoretische Erörterung der sich hierbei abspielenden Vorgänge . . . 45
Die Zahl der Chromosomen bei den Erbsen 45
Teilungsvorgänge in den Pollen- und Embryosackmutterzellen der Phanerogamen 45
Die Teilungsvorgänge im Pollenkorn 45
Die Teilungsvorgänge im Embryosack 45
Befruchtung des Eies 46
Verschmelzung eines Spermakerns mit dem sekundären Embryosackkern zum Zweck der Endospermbildung 47
Die gelbkeimigen Erbsenhybriden, untereinander bestäubt, bilden 75 Proz. gelbkeimige und 25 Proz. grünkeimige Nachkommen 47
Ursache dieser Erscheinung 48
Ihre schematische Vorführung 48
Die Spaltungsformel 49
Verhalten bei einer größeren Zahl spaltender Merkmalspaare 49
Unabhängigkeit der Spaltung in den einzelnen Paaren 50

Seite

Beispiele hierfür bei Erbsenrassen und bei der Gerste 50
Folgerung hieraus auf die Verschiedenheit der Chromosomen 50
Folgerung auf die Verschiedenheit der einzelnen Chromosomenabschnitte . 51
Naheverwandte Pflanzen mit einer verschiedenen Zahl von Chromosomen 52
Die Iden sind nicht die letzten Einheiten 53
Hinweis auf die Pangene 53
Theoretische Erörterung des Verhaltens homologer Pangene bei ihrer Vereinigung innerhalb der während der Prophasen der Reduktionsteilung verschmelzenden Iden 54
Anwendung auf die Hybriden aus gelb- und grünkeimigen Erbsenrassen . 54
Chemotaktische Anziehung der homologen Pangene 54
Unfruchtbarkeit vieler Bastarde, durch die Vorgänge in den Gonotokonten bedingt 55
In der diploidischen Generation jedes Chromosom 2mal vertreten . . . 56
Die einfache Zahl in den Geschlechtsprodukten vertritt aber die gesamten Merkmale 56
Experimenteller Nachweis hierfür 56
Die diploidische Generation ist aber auf die Doppelzahl der Chromosomen angepaßt 56
Die Ergänzung der Chromosomen bei jungfräulicher (parthenogenetischer) Entwicklung 57
Die Erfahrungen bei Merkmalspaltungen lassen sich nicht auf die Trennung der Geschlechter bei getrenntgeschlechtlichen Organismen übertragen . 57
In den Kernen getrenntgeschlechtlicher Organismen sind die Merkmale beider Geschlechter vertreten 58
Die Auslösung des entgegengesetzten Geschlechts durch Parasiten . . 58
Homologe Merkmale des gleichen Geschlechts müssen auch in getrenntgeschlechtlichen Organismen Paare bilden 59
Bei höher organisierten Tieren und Pflanzen gelingt es dem Versuchsansteller nicht, das entgegengesetzte Geschlecht auszulösen 60
Das Geschlecht ist schon in der jüngsten Keimanlage bestimmt . . . 60
Förderung des einen der beiden vorhandenen Geschlechter durch besondere Beeinflussungen bei zwittrigen Wesen 60
Verhalten der Prothallien, Verhalten von Mais, Wassermelonen . . . 60
Beeinflussung des Geschlechts bestimmter Rädertierchen, Blattläuse, Krebstierchen 61
Ernährung von Einfluß 61
Diese Erfahrungen nicht auf höher organisierte Pflanzen und Tiere übertragbar 62
Hierauf gerichtete Versuche versagten bisher 62
Rassenunterschiede in Beziehung auf Geschlechtsverteilung 63
Die Verteilung der Geschlechter nach Möglichkeit gegen äußere Beeinflussung gesichert 63
Parthenogenetisch können sowohl Männchen als Weibchen entstehen . . 64
Vielfach die Eier, welche Männchen oder Weibchen erzeugen sollen, nach ihrer Größe unterscheidbar 64
Deshalb die Annahme, daß das Geschlecht schon im Ei bestimmt sei, und daß die Befruchtung es nicht beeinflusse 64

Seite
Dagegen wurde das Verhalten der Bienen angeführt 64
Ebenfalls bestimmte statistische Angaben für den Menschen 65
Dafür die Beobachtungen an Pferden 65
Die Ueberweisung der Geschlechtsbestimmung an das Ei könnte Vorteile bringen 65
Amphimixis 66
Aus dem Austausch der Pangene in den Prophasen der Reduktionsteilung erwachsende Vorteile für die Art 66
Es wird ein Ausgleich individueller Abweichungen vollzogen 66
Extreme Steigerung von Abweichungen verhindert 67
Auch Nachkommen desselben Elternpaares können einander nicht vollständig gleichen 67
Die Mannigfaltigkeit der individuellen Ausstattung der einzelnen Vertreter der Art und dadurch die Leistungsfähigkeit der Art im Wettbewerb mit anderen Arten erhöht 68

Unser botanischer Garten stand neulich in vollem Flor; so löste ich denn mein Versprechen ein und führte einige Freunde durch die Beete, um ihnen besonders auffällige Bestäubungseinrichtungen der Blüten zu zeigen. Wir wanderten von der Salbei zur Osterluzei, von der Braut in Haaren zur Asclepias und konnten namentlich an letzterer zahlreiche Hummeln in voller Tätigkeit sehen. Die einen bewegten sich auf den fleischfarbigen Blüten und sogen begierig den Nektar aus den taschenförmigen Behältern; andere suchten aufzufliegen und mühten sich ab, ihre Beine aus den Spalten zwischen den Staubblättern zu befreien; noch andere zwängten die Staubkölbchen, die sie aus der einen Blüte hervorgezogen hatten, unbewußt in die Spalten der anderen ein; einzelne endlich lagen, von dem berauschenden Nektar ganz betäubt, unbeweglich unter den Stauden. Ich hatte das im Jahre 1793 erschienene Buch des einstigen Spandauer Schulrektors Christian Konrad Sprengel in Händen, zeigte die Bilder vor und suchte den Mann zu ehren, der vor mehr als hundert Jahren alle diese Vorgänge schon richtig beobachtet und beschrieben hatte. Als es, zur hundertjährigen Feier des Buches, galt, Christian Konrad Sprengel ein Denkmal auf sein Grab zu setzen, war nicht zu ermitteln, wo er bestattet liegt. Er starb unbekannt und arm, ein Grund mehr, um seiner hohen Verdienste dauernd zu gedenken. Sein Buch führt einen Titel, der nach unseren jetzigen Begriffen etwas bombastisch klingt: „Das entdeckte Geheimnis der Natur im Bau und der Befruchtung der Blumen.“ Als er seinem Buche diesen Titel gab, dachte der schlichte Mann schwerlich an Reklame. Er schrieb, wie er es fühlte, und wenn der Titel heute andere Vorstellung erweckt, so ist es, weil die Zeiten sich geändert haben.

An meine Schilderungen der Bestäubungsvorgänge und der Bedeutung, die sie haben, schloß ich auch einige Angaben über die neueren Arbeiten auf dem Gebiete der Befruchtung und Vererbung an. Da handelte es sich ganz besonders um den Einblick in Vorgänge, die man unter dem Titel „Das entdeckte Geheimnis der Natur“ zusammenfassen könnte. Ich mußte versprechen, daß ich die Ergebnisse dieser Forschung in verständlicher Form zusammenstellen würde. Zum mindesten wollte ich es versuchen, ein so schwieriges Gebiet, das spezielle Kenntnisse verlangt, in dieser Weise zu behandeln. Ich bat mir zugleich die Erlaubnis aus, dem Aufsatze nicht den Titel „Das entdeckte Geheimnis der Natur“ zu geben, da in unserer, aller Naivität so baren Zeit, solche Aufschriften nur noch hoch auf den Schildern jahrmärktischer Museen prangen.

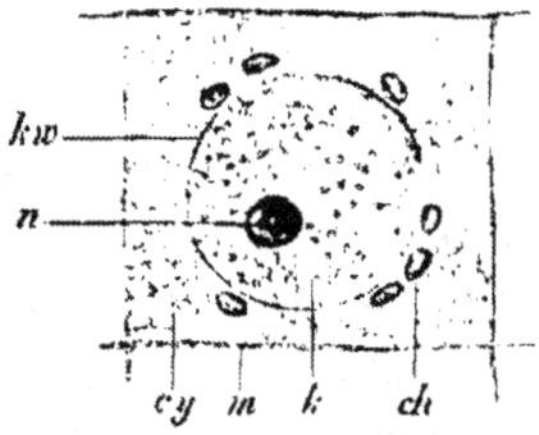

Fig. 1. Embryonale Zelle aus dem Vegetationspunkte einer phanerogamen Pflanze. Ihr Zellkern oder Nucleus *k*. Sein Kernkörperchen oder Nucleolus *n*. Die Kernwand *kw*, mit welcher das umgebende Zellplasma oder Cytoplasma *cy* gegen die Kernhöhle abgeschlossen ist. Die Anlagen der Chromatophoren *ch*, aus denen sich später die verschiedenen Farbstoffträger der Pflanze entwickeln, auch die Chlorophyllkörner, denen die Pflanze ihre grüne Farbe verdankt. Die Chromatophoren sind spezifische pflanzliche Gebilde, die den tierischen Zellen fehlen. Wie der Zellkern und das Cytoplasma gehören sie zum lebendigen Protoplasma. Die Membran der Zelle ist mit *m* bezeichnet. Vergr. etwa 1000.

Um verständlich zu sein, knüpfe ich zunächst an allgemeiner bekannte Tatsachen an.

So mag daran erinnert werden, daß der Körper aller Wesen aus Zellen aufgebaut ist (Fig. 1). Der lebendige Inhalt jeder Zelle besteht aus Protoplasma. Dieser Protoplast schließt in seinem Inneren einen runden Körper, den Zellkern, ein. Alle Kerne vermehren sich durch Zweiteilung, und ihrer Teilung folgt die Zweiteilung der ganzen Zelle. Die Erforschung dieser Vorgänge läßt sich nur bei entsprechend starker Vergrößerung bewerkstelligen.

Der Körper der höher organisierten Pflanzen und Tiere besteht aus einer überaus großen Zahl von Zellen. Seinen Ursprung nimmt er trotzdem aus nur einer Zelle, dem Ei. Diese Zelle tritt in die Entwicklung ein, wenn eine andere Zelle, die Samenzelle, in sie drang und sich mit ihr vereinigte. Der Schwerpunkt dieses Vorgangs, der als Befruchtung bezeichnet wird, liegt in der Vereinigung der Kerne beider Geschlechtszellen.

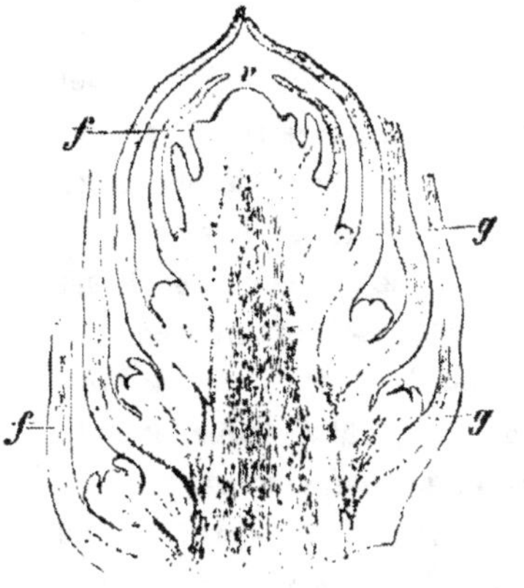

Fig. 2. Sproßscheitel einer phanerogamen Pflanze. Bei *v* der Vegetationspunkt des Hauptsprosses. Mit ebensolchen Vegetationskegeln schließen die Achselknospen *g* ab, die in den Achseln der oberen Blätter eben erst vortreten, in den Achseln tieferer Blätter bereits Blattanlagen zeigen. Bei *f* die Anlagen der Blätter am Hauptsproß, die mit der Entfernung vom Vegetationskegel an Größe zunehmen. Vergr. 40.

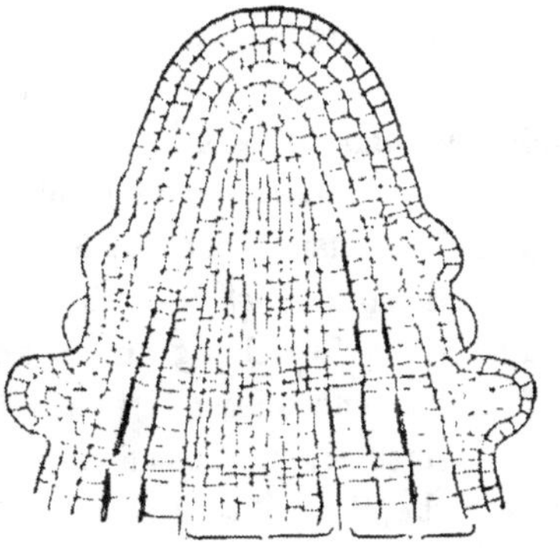

Fig. 3. Der besonders schlanke Vegetationskegel einer Sumpfpflanze, des sogenannten Tannenwedels, Hippuris vulgaris. Die seitlich vorspringenden Höcker sind Blattanlagen. Dieses Bild ist stärker als das nebenstehende und zwar 240 mal vergrößert, um den zelligen Bau zu zeigen. Es sind nur die Wände der Zellen, nicht ihr Inhalt, eingetragen.

Bei den Tieren wird allgemein der Entwicklungsvorgang alsbald abgeschlossen. Es verharren nur gewisse Zellen des Körpers in ihrem embryonalen Zustand. Sie sind es, aus welchen zur Zeit der Geschlechtsreife die Geschlechtsprodukte hervorgehen. Die Pflanzen schließen hingegen ihre individuelle Entwicklung nicht ab. Sie behalten an den Enden ihrer Triebe Vegetationspunkte (Fig. 2 u. 3), die aus embryonalen Zellen bestehen. Diese Vegetationspunkte vermögen weiter zu wachsen und neue Körperteile zu bilden. So sieht man unsere Sträucher und Bäume alljährlich aus den Enden ihrer Zweige neue Sprosse treiben, unsere Stauden aus ihren unterirdischen Teilen sich verjüngen.

Im Hinblick auf den Zweck dieser Veröffentlichung habe ich sie frei von Zitaten gehalten und die Nennung verdienter Forschernamen auf das äußerste Maß beschränkt. Wer sich über die heute sehr ausgedehnte Literatur dieses Gebietes unterrichten will, wird es an anderer Stelle tun.

Vor genau drei Dezennien bin ich mit einem Buche über Zellbildung und Zellteilung vor die Oeffentlichkeit getreten, an der weiteren Erforschung dieses Gebiets, sowie der Befruchtungsfrage, die sich ihm alsbald anschloß, habe ich dann mitgewirkt. So glaube ich mich auch berechtigt, heute die Ergebnisse dieser dreißigjährigen Forschung einem weiteren Kreise vorzuführen.

Die Tendenz dieser Uebersicht schließt jede Polemik aus. Auch wo verschiedene Ansichten einander gegenüberstehen, konnte es hier nicht die Aufgabe sein, sie gegeneinander abzuwägen. So mag ich wiederholt meine eigene Auffassung der Vorgänge zu sehr bevorzugt haben, dafür fällt mir alle Verantwortung zu.

Es mag Ende Juni 1874 gewesen sein, als ich Schnitte durch gehärtete Eier der Fichte (Picea excelsa [Lam.] Link) herzustellen begann, um, eingehender als ich es im Jahre 1869 getan hatte, ihren Befruchtungsvorgang zu verfolgen. Ich hoffte auf vollständige Entwicklungsserien, da ich Mitte Juni, zur Befruchtungszeit, Zapfen, dreimal am Tage und dreimal des Nachts, von den Fichten des botanischen Gartens in Jena herabgeholt und ihre abgelösten Schuppen sofort in absoluten Alkohol geworfen hatte. Der Alkohol härtet das Protoplasma. Demgemäß floß die Substanz der Eier (*o*, Fig. 4) dann beim Schneiden der Samenanlagen aus den weiblichen Geschlechtsorganen, den Archegonien (*a*) nicht aus, ließ sich vielmehr in dünne Lamellen zerlegen. Diese zeigten ovalen Umriß, ihr Inhalt erschien trüb und gebräunt, hellte sich dann in Glycerin, das als Untersuchungsflüssigkeit diente, allmählich auf. Manche Eier waren noch unbefruchtet und führten ihren Kern in der Mitte; in anderen Eiern ließ sich ein Kern in solcher Stellung nicht mehr erkennen, hingegen konnte man in dem unteren Ende des Eies vier durch Teilung aus ihm hervorgegangene, nebeneinander liegende Kerne erkennen. Zu meiner Ueberraschung traten mir statt dieser vier Kerne in manchen Eiern spindelförmige Körper ent-

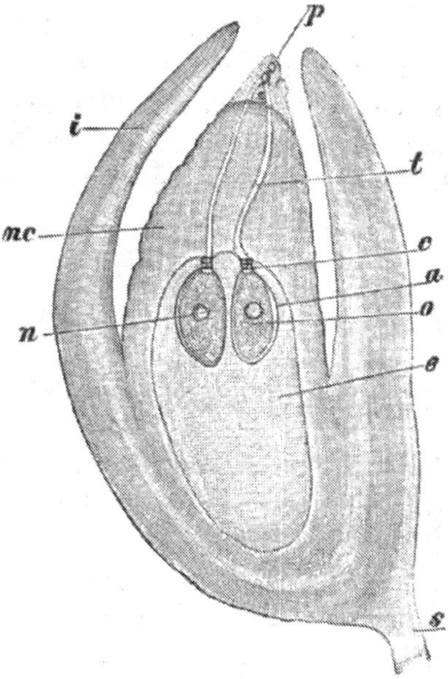

Fig. 4. Ein 9 mal vergrößerter Längsschnitt durch eine der beiden Samenanlagen, die sich am Grunde jeder Zapfenschuppe der Fichte befinden. In dem sogenanten Knospenkern (Nucellus) *nc* der Samenanlage befindet sich der mit Prothalliumgewebe angefüllte Embryosack *e*, in dessen oberem Ende die beiden weiblichen Geschlechtsorgane (Archegonien) *a* zu sehen sind, die je ein Ei *o* einschließen. In beiden Eiern liegt der Eikern *n* in der Mitte. Auf dem Nucellus befinden sich Pollenkörner *p*, die Pollenschläuche *t* abwärts getrieben haben. Diese Pollenschläuche führen die männlichen Kerne (Spermakerne), die in dem Bilde nicht zu sehen sind. Sie haben die Halsteile *c* der Archegonien soeben erreicht. Die Samenanlage ist mit einer Hülle, dem Integument *i* versehen. An der mit *s* bezeichneten Stelle entspringt ihr der sogenannte Flügel, der sich bei der Reife des Samens mit diesem von der Fruchtschuppe des Zapfens ablöst.

gegen. Sie zeigten sich aus Längsfasern aufgebaut, die an ihren Enden zusammenneigten. In ihrer Mitte wiesen die einzelnen Fasern Anschwellungen auf. Das umgebende Eiplasma ließ um die Enden der Spindeln radiale Streifung erkennen. So erinnerten die Bilder an jene Figuren, die man über einem mit Papier bedecktem Magnetstab erhält, wenn man auf dieses Eisenfeilspäne streut. Es war, als hätte ich magnetische Kurven vor Augen.

Auch mein Freund und Kollege ERNST ABBE, der gerade hinzukam, fand die Aehnlichkeit auffällig, warnte aber sofort vor dem Vergleiche.

An jenem Tage, als ich Kernteilungsfiguren zum ersten Male sah, konnte ich nicht ahnen, daß ihr Studium den größten Teil meiner Arbeitskraft fortan beanspruchen würde.

Diese Kernteilungsfiguren, die mir so unvermittelt entgegentraten, boten in der Tat einen Grund zu Ueberraschung dar. Denn die Botanik stand damals ganz unter der Herrschaft einer Vorstellung, welche verlangte, daß bei jeder Kernteilung der alte Kern aufgelöst werde und die wieder auftretenden Kerne neu entstehen (Fig. 5). So hatte WILHELM HOFMEISTER im Jahre 1867 die Ergebnisse seiner langjährigen Erfahrungen in der „Lehre von der Pflanzenzelle" zusammengefaßt. Seine Autorität beherrschte mit vollem

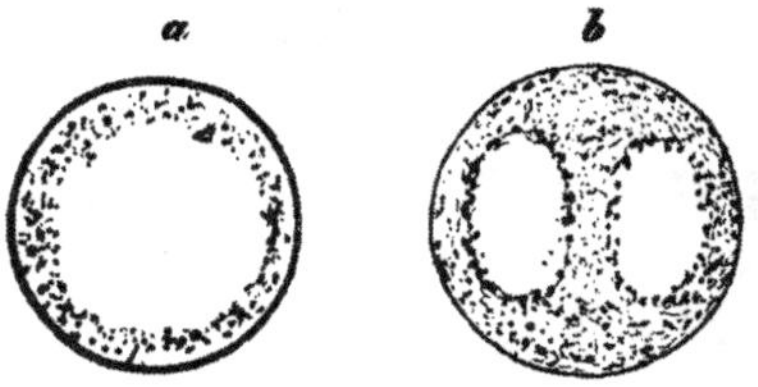

Fig. 5. Sporenmutterzellen der Lycopodiacee Psilotum triquetrum nach HOFMEISTER: Die Lehre von der Pflanzenzelle. *a* Eine Sporenmutterzelle, welche die Auflösung des primären Kerns zeigen soll, *b* welche die Neubildung der sekundären Kerne vorführt. Aus dem Jahre 1867.

Recht das pflanzliche Gebiet. Daß HOFMEISTER in diesem Falle irrte, tut seiner wissenschaftlichen Größe durchaus keinen Abbruch. Er bleibt der bedeutendste Forscher, dessen sich die Botanik des vorigen Jahrhunderts auf morphologischem Gebiete zu rühmen hatte. Gerade dieser sein Irrtum lehrt aber, wie schwer es auch dem befähigtsten Forscher werden kann, sich von bestimmten Vorstellungen seiner Zeit frei zu machen und wie sehr die Ergebnisse seiner Arbeit abhängig sind von der Höhe, welche die Ausbildung der technischen Hilfsmittel gleichzeitig erreichte.

Zu HOFMEISTERS Zeiten galt es den Botanikern als ausgemacht, daß man die Vorgänge im Innern der Zelle nur am lebenden Objekt studieren dürfe und nur aus solchen Untersuchungen berechtigt sei, Schlüsse auf die in ihm sich wirklich abspielenden Vorgänge zu ziehen.

Ich hatte hingegen zu Anfang der siebziger Jahre begonnen, mit Pflanzen zu arbeiten, deren Zellinhalt mit Alkohol gehärtet war, wodurch ich mich freilich zunächst dem Vorwurf aussetzte, Kunstprodukte für natürliche Dinge auszugeben.

Der Verwendung von Alkoholmaterial war es aber nur zu danken, daß mir die Kerne in den Koniferenеiern in der unerwarteten Form von Spindeln sich zeigten. An diesen Befund schloß ich sofort weitere Untersuchungen an, da ich das Bedürfnis empfand, die Erscheinung auf ihre Allgemeinheit zu prüfen. Ich dehnte die Fragestellung sogar auf das Tierreich aus. Die Arbeit nahm ein Jahr in Anspruch. Sie erschien in Form eines Buches, das „Ueber Zellbildung und Zellteilung" betitelt war und im Mai 1875 zur Ausgabe gelangte.

Die Angaben über die Vorgänge der Kernvermehrung lauteten auf tierischem und pflanzlichem Gebiete zu jener Zeit ganz verschieden. Für die Pflanzen herrschte die Auflösungsvorstellung der Mutterkerne vor, während man bei den Tieren ihre Durchschnürung, somit Teilung annahm. Hier wie dort befriedigten die vorhandenen Angaben nicht mehr und bedingten es, daß man nach neuen technischen Hilfsmitteln suchte, welche die histologische Arbeit fördern sollten. Man begann den Zellinhalt in verschiedener Weise zu härten und zu färben und bemühte sich, dadurch seine Bestandteile gegeneinander abzuheben; was im frischen Zustande kaum unterscheidbar war, trat nun hervor und erleichterte die Untersuchung.

So kam es, daß, während ich meinen Zellstudien oblag, auch O. Bütschli Kernteilungsfiguren an tierischen Objekten mit verdünnter Essigsäure sichtbar machte und sie in vorläufigen Mitteilungen schilderte. Abbildungen waren diesen Veröffentlichungen nicht beigegeben, doch sandte sie mir Bütschli in kollegialischer Weise auf meine Bitte zur Ansicht ein und stellte mir auch eine Anzahl von ihnen für die Veröffentlichung in meinem Zellbuche zur Verfügung.

Am 1. Januar 1875 begann auch in der Botanischen Zeitung ein Aufsatz von J. Tschistiakoff zu erscheinen, dessen Figuren einige Teilungszustände zeigten, ähnlich denen, die wir gesehen hatten. Bei TSCHISTIAKOFF waren, wie sich jetzt angeben läßt, diese Bilder während des langsamen Absterbens der Zellkörper im Wasser der Präparate hervorgetreten. Denn auch beim Absterben stellen sich optische Unterschiede zwischen den einzelnen Bestandteilen des Protoplasmas ein, wodurch sie sichtbarer werden. Das, was man alsdann zu sehen bekommt, sind freilich nicht nur zuvor schon vorhandene Strukturen, sondern auch Zersetzungserscheinungen. TSCHISTIAKOFF vermochte beide nicht zu sondern und geriet daher auf merkwürdige Abwege, die es ausschließen, daß seine Arbeit denen angereiht werde, die eine neue Epoche der histologischen Forschung anregten.

Diesen Anspruch können auch solche ältere, in der zoologischen Literatur zerstreute Angaben nicht erheben, die vereinzelte Teilungsbilder der Kerne zur Anschauung brachten, aber ihre Bedeutung und Tragweite nicht erkannten.

Solche Angaben gingen denn auch unbemerkt an den Zeitgenossen vorüber, und ich mußte sie mühsam zusammensuchen. als es galt, die Literatur für mein Zellenbuch zu vervollständigen.

Auch so füllte die Literatur des Gegenstandes nur wenige Seiten aus.

Das wurde bald anders, denn nun griff gemeinsame Arbeit, mächtig fördernd, in das erschlossene Gebiet ein. Rasch folgten die Publikationen aufeinander, wobei tierische und pflanzliche Histologen in noch nie dagewesener Weise zusammenwirkten.

Außer BÜTSCHLI war es auf tierischem Gebiete zunächst OSKAR HERTWIG, der sich überaus große Verdienste erwarb, ebenso alsbald auch EDUARD VAN BENEDEN, WALTHER FLEMMING, HERMANN FOL, M. NUSSBAUM und RICHARD HERTWIG, später AUGUST WEISMANN, TH. BOVERI, MONTGOMERY u. a. m.; auf botanischem Gebiete LÉON GUIGNARD, neuerdings VICTOR GRÉGOIRE und seine Schüler.

Die zu lösende Aufgabe stellte sich als äußerst schwierig und verwickelt heraus, und der Fortschritt vollzog sich nur schrittweise.

nicht selten geriet sogar auch manch erfahrener Forscher zeitweilig auf Abwege.

Die an tierischen Objekten gewonnenen Ergebnisse eilten nach einiger Zeit den pflanzlichen voraus. Denn es fand der Histologe dort die technischen Hilfsmittel für seine Bestrebungen besser vorbereitet. Daher mühte ich mich in meinem Institute besonders ab, auch für die Pflanzen in technischer Beziehung das gleiche zu erreichen, was nur allmählich gelang. Dann schritt die Vervollkommnung der Technik auf beiden Gebieten übereinstimmend fort und es bildete sich eine besondere Kunst des Härtens, Schneidens und Färbens der zu untersuchenden Objekte heraus. Zugleich schuf uns der Genius von Ernst Abbe optische Instrumente, die in ihrer Leistungsfähigkeit alles Dagewesene weit übertrafen. Was ein geübtes Auge vor 1870 im lebenden Zellkörper zu unterscheiden nicht vermochte, das konnte ein Dezennium später jedem Anfänger in der ersten Kollegstunde an entsprechend hergestellten Präparaten vorgezeigt werden.

Es ist nicht der Ort hier auszuführen, welche Verdienste jedem einzelnen jener Forscher zukommen, die im Laufe der letzten Dezennien der Zellenlehre ihre heutige Gestalt gaben. Sogar auf die Nennung vieler Namen muß ich hier verzichten, selbst solcher, die ein notwendiges Glied in der Kette der sich aneinander reihenden Entdeckungen bildeten. Jeder Fortschritt der Erkenntnis förderte neue Aufgaben und setzte neue Ziele, und glückliche Konstellationen führten manchmal auch dem weniger Verdienten einen wichtigen Erfolg zu. Daher es überhaupt in unseren Wissenschaften schwer wird, jedem einzelnen das Verdienst, das er sich wirklich erwarb, ganz objektiv zuzumessen.

Wir sind auch heute noch weit davon entfernt, den wissenschaftlichen Abschluß der Zellenlehre in der histologischen Forschung erreicht zu haben. Die vorliegende Schilderung kann somit nur beanspruchen ein Bild des jetzigen Zustandes zu entwerfen, wie es sich in den Tatsachen uns darstellt und in der Hypothese ergänzen läßt. Letztere versucht es, ein geistiges Band zwischen den Tatsachen zu knüpfen. Sie eilt ihnen auch stets voraus und schafft innerhalb der Grenzen ihrer Berechtigung Anknüpfungspunkte für neue Arbeit.

So darf wohl jetzt auf Grund der von THEODOR BOVERI angestellten Versuche, EDUARD VAN BENEDENS, meiner eigenen und anderer Forscher Bemühungen, die Individualität der den Zellkern aufbauenden, als Chromosomen bezeichneten Elemente als gut begründet gelten. Diese Elemente (Fig. 22, 25) sind es, die, bei jedem Teilungsschritt der Kerne sich sondernd, in vorbestimmter Anzahl in die Erscheinung treten. Jenseits der Grenzen dieser Chromosomen muß aber die Forschung im Zellkern, der ihr als Träger der erblichen Eigenschaften gilt, nach noch weit kleineren Einheiten suchen. Für die Annahme einer qualitativen Verschiedenheit der in demselben Zellkern vereinigten Chromosomen gewährt die histologische Wahrnehmung bereits Anknüpfungspunkte. Denn es sind Fälle bekannt geworden, wo diese Chromosomen Größen- und Formunterschiede unmittelbar erkennen lassen. BOVERIS sinnreiche Versuche führen in dieser Beziehung eine noch beredtere Sprache. Zu der Annahme von Erbeinheiten, die jenseits der Chromosomengrenze liegen, zwingen jetzt vornehmlich bestimmte, aus dem Verhalten der Hybriden (Bastarde) sich ergebende Tatsachen. Die von GREGOR MENDEL schon vor 40 Jahren entdeckten Spaltungen, welche einzelne Merkmalpaare in hybriden Pflanzen vor Bildung der Geschlechtsprodukte erfahren, zwingen den Schluß auf, daß die Sonderung der Erbeinheiten sehr weit zurück reicht. Selbst solche Besonderheiten, wie die Blütenfarbe der Hybriden, unterliegen den Gesetzen der Merkmalspaltung und müssen somit von konkreten Trägern der Vererbung abhängig sein. So schafft das Erfahrungsmaterial heute den realen Boden für die Annahme derartiger Erbeinheiten, wie sie CHARLES DARWIN sich als Keimchen, HUGO DE VRIES als Pangene, AUGUST WEISMANN als Biophoren und Determinanten vorgestellt haben.

Wenn wir also jetzt, bei der Schilderung des Kernbaues, in sehr feine Einzelheiten uns vertiefen, so liegt ein berechtigter Grund dafür vor.

Der ruhende Kern einer tierischen oder pflanzlichen Zelle (Fig. 6) stellt uns im gehärteten Zustande ein zartes Maschenwerk dar, dessen Knotenpunkte Anschwellungen bilden und der zwischen seinen Maschen ein oder mehrere Kernkörperchen oder Nukleolen (*nl*) führt. Stoffliche Unterschiede sind im Maschenwerk nicht sicher nachzuweisen, oder doch nur so, daß sich seine Knotenpunkte dunkler färben lassen. Deutlich als vom Maschenwerk verschieden, heben sich nur die Nukleolen ab. Doch auch im Maschenwerk ist man zur Annahme von zwei Substanzen, dem Chromatin und dem Linin, gelangt und läßt das Linin die Grundsubstanz des Maschenwerks bilden, das Chromatin in winziger Körnchenform seine Knotenpunkte füllen. Die Erscheinungen der Vererbung, sowie auch die weiterhin sichtbar werdenden Strukturen verlangen eine solche Unterscheidung. Schon mit der ersten Vorbereitung zu einem Teilungs-

Fig. 6. Junge Gewebezelle mit Kern *n* aus einer in Entwicklung begriffenen Samenanlage der in Gärten kultivierten Sommerhyacinthe, Galtonia candicans. Das Kernkörperchen (Nucleolus) ist mit *nl* bezeichnet, das Zellplasma (Cytoplasma) mit *c*. Vergr. 2000.

vorgange werden körnige Gebilde in dem Maschenwerk sichtbar, die nur der Vereinigung der zuvor nicht sicher unterscheidbaren Körperchen ihre Entstehung verdanken können. So nehmen wir denn, einer späteren Begründung vorgreifend, in dem Maschenwerk des ruhenden Kerns das Bestehen von distinkten Erbeinheiten an, die wir, so wie Hugo de Vries es getan, als Pangene bezeichnen wollen. Die Vereinigung solcher Pangene soll es sein, der die sichtbar werdenden Körperchen in den Teilungsfiguren der Kerne ihre Entstehung verdanken.

Die Grenzen der einzelnen Chromosomen sind im Maschenwerk des völlig ruhenden Kerns ebenfalls nicht zu unterscheiden; trotzdem müssen wir aus theoretischen Gründen folgern, daß auch diese Chromosomen fortbestehen und finden für diese Annahme auf bestimmten Teilungsstadien der Kerne die sachliche Bestätigung.

Wie sich der Bau eines ruhenden Kerns nach alledem in Wirklichkeit darbietet, und wie er theoretisch vorzustellen ist, sei in den beiden Figuren 6 und 7 vorgeführt. Um die wahrscheinlichen Bezirke der einzelnen Chromosomen kenntlich zu machen, habe ich mich in dem zweiten dieser Bilder verschiedener Farben bedient.

Ein solcher Kern mag dem jugendlichen Gewebe irgend einer hochorganisierten Pflanze entstammen, und in der farbigen Abgrenzung seiner Chromosomen gleich die weitere Annahme schon zum Ausdruck kommen, daß Chromosomen zweierlei Ursprungs in einem solchen Kern vertreten seien. Tatsächlich sehen wir bei jedem Befruchtungsvorgang zwei Kerne, den väterlichen Kern oder Spermakern und den mütterlichen Kern oder Eikern, sich miteinander vereinigen und eine neue Keimanlage erzeugen, in deren Kernen die Chromosomen väterlichen und die mütterlichen Ursprungs als solche fortbestehen.

Fig. 7. Derselbe Zellkern wie in Fig. 6, in welchen farbig die einzelnen Chromosomen eingetragen sind, so wie sich ihre Bezirke theoretisch etwa annehmen lassen.

Die Entwicklung aller höher organisierten Pflanzen vollzieht sich mit Generationswechsel. Es wechseln geschlechtliche und ungeschlechtliche Individuen in regelmäßiger Folge miteinander ab. Bestimmend für das Vegetationsbild unserer Erde wurde diejenige phylogenetische Entwicklungsreihe, die in unseren jetzigen Pflanzensystemen von den Farnen zu den phanerogamen Pflanzen aufwärts führt. Zwei zusammengehörige Individuen vollzogen zunächst ganz allgemein den Generationswechsel in dieser Reihe und schlossen zusammen erst den Entwicklungskreis der Species ab. Die eine dieser Generationen, und zwar die geschlechtliche, büßte im Laufe der phylogenetischen Entwicklung ihre Selbständigkeit ein; sie wurde in die ungeschlechtliche Generation aufgenommen und besteht im reduzierten Zustand in ihr noch fort. Die geschlechtliche Generation weist in ihren Kernen jedes Chromosom nur in Einzahl auf. Sie muß als die ältere gelten, da doch die einfache Chromosomenzahl die ursprüngliche ist und erst durch den Befruchtungsvorgang eine Verdoppelung erfuhr.

Die geschlechtliche, einfachchromosomige Generation erhielt bei den Pflanzen den Namen Gametophyt, im Anschluß an die allgemeine Bezeichnung „Gameten", die ich 1877 für Geschlechtszellen vorschlug; die ungeschlechtliche, doppelchromosomige Generation heißt Sporophyt.

Die Farnkräuter unserer Wälder, etwa der Wurmfarn (Aspidium Filix mas), bilden ihre gametophyte Generation in Gestalt eines

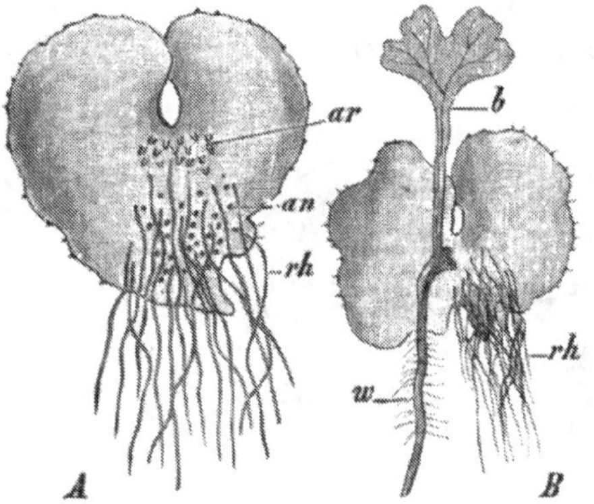

Fig. 8.

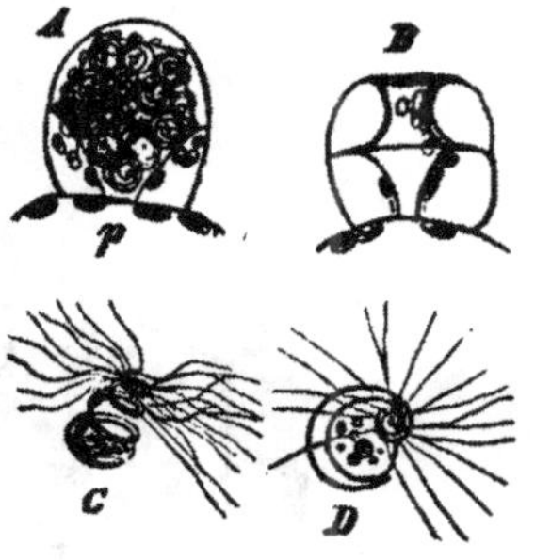

Fig. 9.

Fig. 8. Aspidium Filix mas. In *A* ein Prothallium, von der Unterseite gesehen, mit den Antheridien *an*, den Archegonien *ar* und den der Befestigung im Boden dienenden Haaren *rh*. — In *B*, ebenfalls von der Unterseite, ein Prothallium, an welchem aus dem befruchteten Ei eines Archegoniums ein junges Pflänzchen hervorging, das bereits eine Wurzel *w* abwärts in den Boden sandte und ein erstes Blatt *b* entwickelt hat. Vergr. etwa 8.

Fig. 9. *A* und *B* Antheridien von der Unterseite des Prothalliums des gemeinen Tüpfelfarns (Polypodium vulgare) in Seitenansicht. In *A* das Antheridium noch mit Samenfäden (Spermatozoiden) gefüllt, in *B* schon entleert. Vergr. 240. In *C* und *D* je ein Samenfaden desselben Farns 540 mal vergrößert.

unscheinbaren grünen Blättchens aus (Fig. 8 *A*), das sich dem Boden anschmiegt. Dieses „Prothallium" erzeugt auf seiner Unterseite männliche (*an*) und weibliche (*ar*) Geschlechtsorgane, das heißt, rundliche kleine Antheridien (Fig. 9, *A* u. *B*) und flaschenförmige, etwas größere Archegonien (Fig. 10). Die Eizelle (*o*), die letztere bergen, wird von einer der Samenzellen (Spermatozoiden, Fig. 9, *C* u. *D*) befruchtet, welche die Antheridien (Fig. 9, *A*) entlassen. Der Kern des Samenfadens, der Spermakern, verschmilzt mit dem Kern des Eies, dem Eikern, und so verfügt das befruchtete Ei nunmehr über den doppelchromosomigen Keimkern. Das Ei beginnt sich zu teilen und gibt den Ursprung dem Sporophyten, jener Pflanze, die uns als Wurmfarn (Fig. 8, *B* u. Fig. 11) bekannt ist. Alle Kerne der letzteren führen, ihrem Ursprung gemäß, jedes Chromosom in Zweizahl, in einer vom Vater und einer von der Mutter stammenden Einheit. Ist die Pflanze hinlänglich erstarkt (Fig. 11), so tritt sie in die Sporenbildung ein. Sie erzeugt diese, ihre einzelligen Sporen in besonderen kleinen Behältern (Sporangien) auf der Unterseite ihrer

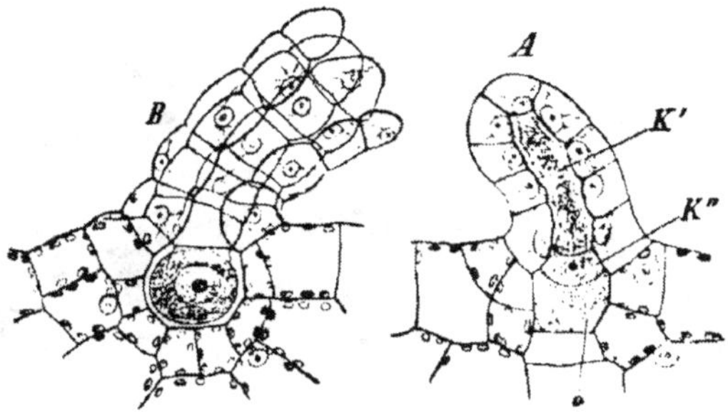

Fig. 10. Archegonien, dem Querschnitt eines Prothalliums des gemeinen Tüpfelfarns (Polypodium vulgare) entnommen, in Seitenansicht. In *A* ein noch geschlossenes Archegonium, in dessen Grunde das Ei *o*, über ihm zwei Zellen, die Kanalzellen *K' K''*, deren Inhalt beim Oeffnen des Archegoniumhalses ausfließt, so, wie in *B* geschehen ist, wo im Innern des Archegoniums nur das Ei zurückblieb. Im Ei der Eikern zu sehen. Vergr. 240.

Wedel (Fig. 11, *A*, *B* u. *C*). Da die Sporenbehälter in Mehrzahl beisammen stehen, so bilden sie Häufchen (Sori), die dem bloßen Auge sichtbar sind. Der Sporenbildung geht ein wichtiger Vorgang voraus, der uns noch eingehend beschäftigen soll, nämlich eine Reduktionsteilung, durch welche die Chromosomenzahl der Kerne auf die Hälfte herabgesetzt wird. So kommt es, daß die Sporen bei ihrer Keimung Prothallien liefern, die wiederum nur über die einfache Chromosomenzahl verfügen.

Während der phylogenetischen Entwicklung, die im Lauf der Zeiten von den farnartigen Gewächsen zu den Phanerogamen

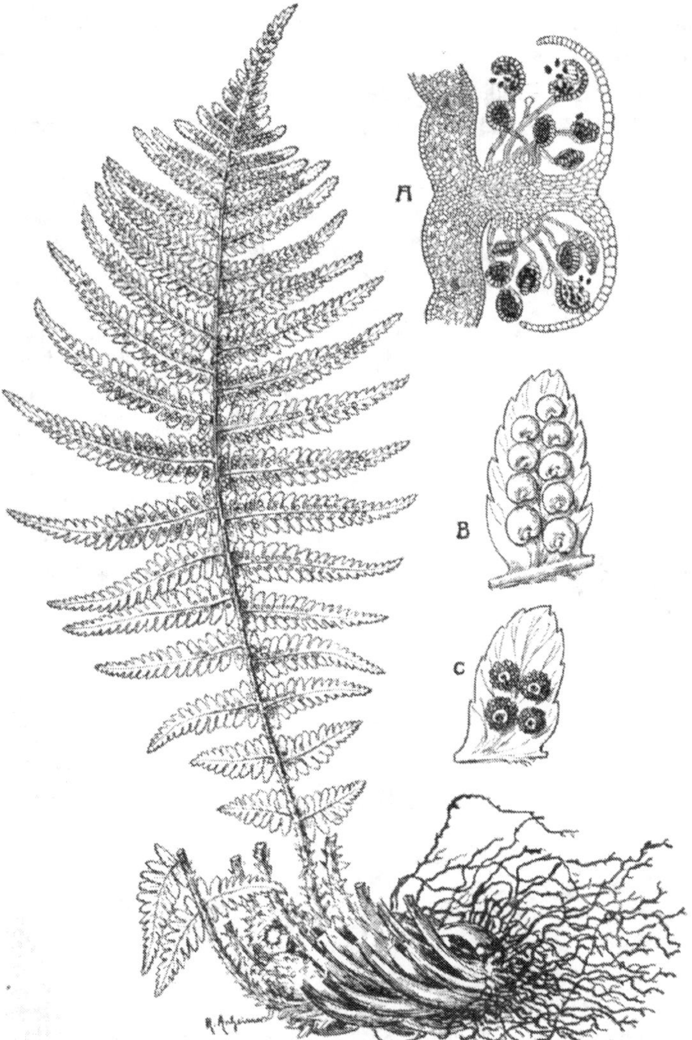

Fig. 11. Aspidium Filix mas. Links der ganze Wurmfarn nach seiner Erstarkung, $^2/_3$ nat. Gr. Bei *A*, 20 mal vergrößert, ein Stückchen des Querschnittes aus einer fertilen Blattfieder, die Sporenbehälter (Sporangien) trägt, aus denen Sporen entleert werden. Ueber diesen zu einem Häufchen (Sorus) vereinigten Sporenbehältern der gewölbte sogenannte Schleier. In *B* und *C*, schwach vergrößert, ganze Blattfiedern von ihrer Unterseite, in *B* die Sporangienhäufchen noch von den Schleiern bedeckt, während in *C* die Schleier geschrumpft sind.

führte, vollzog sich in den Sporen dieser Pflanzen wiederholt eine Sonderung. Statt nur einer Art Sporen, die, wie beim Wurmfarn, hermaphrodite Prothallien erzeugen, bildeten sich zweierlei Sporen aus (Fig. 12—15), kleinere und größere, um entweder männlichen

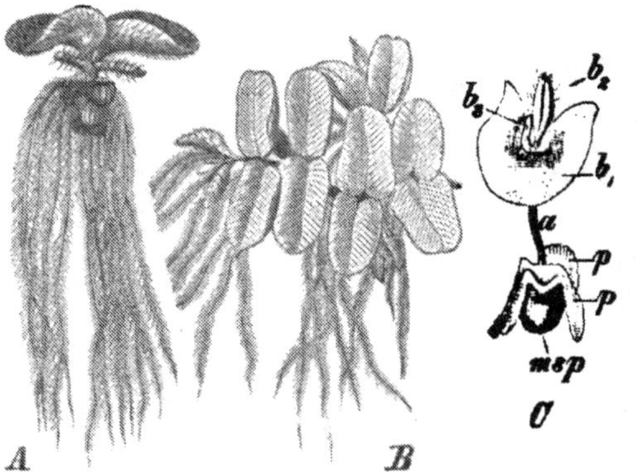

Fig. 12. Die auf den Gewässern, besonders Schlesiens und Brandenburgs, öfters vorkommende Salvinia natans, deutsch Schwimmblatt genannt, als Beispiel eines farnartigen Gewächses, bei welchem die Sonderung der Sporen in Mikro- und Makrosporen sich vollzogen hat. *A* ein Pflänzchen von der Seite, *B* von oben gesehen, in beiden Fällen etwas verkleinert. *C* eine Keimpflanze, die aus dem Prothallium *p* der Makrospore *msp* hervorwächst und an ihrem Stengel bereits 3 Blätter *b 1—3* gebildet hat. Zwischen den in das Wasser hinabhängenden, wie Wurzeln aussehenden Wasserblättern, in *A*, sind oben als kugelige Gebilde, Sporenfrüchte (Sporocarpien), zu erkennen.

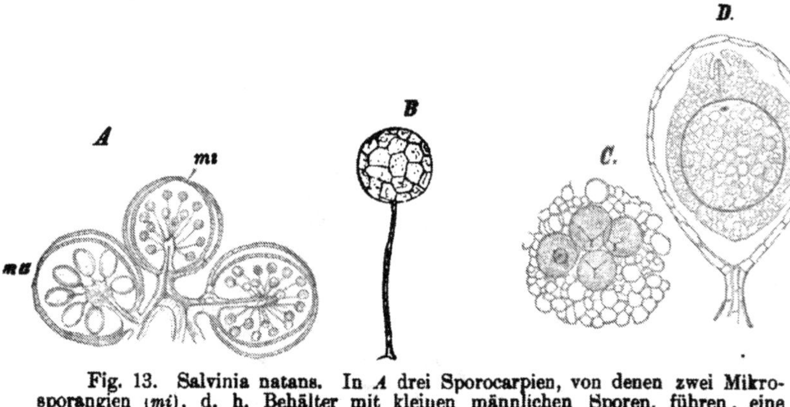

Fig. 13. Salvinia natans. In *A* drei Sporocarpien, von denen zwei Mikrosporangien (*mi*), d. h. Behälter mit kleinen männlichen Sporen, führen, eine Makrosporangien (*ma*), d. h. Behälter mit großen weiblichen Makrosporen, von denen je eine in jedem Makrosporangium alle anderen Anlagen verdrängte und daher allein ihr Makrosporangium füllt. Vergr. 8. In *B* ein Mikrosporangium 55 mal vergrößert; in *C* ein Teil seines schaumigen Inhalts mit den in ihm eingebetteten Mikrosporen, 250 mal vergrößert. In *D* endlich ein Makrosporangium im medianen Längsschnitt, seine einzige Makrospore ebenso durchschnitten zeigend, 55 mal vergrößert.

(Fig. 14) oder weiblichen (Fig. 15) Prothallien den Ursprung zu geben. Zugleich wurden die Prothallien, besonders die männlichen, allmählich unselbständiger und kleiner. Die männlichen Sporen, die Mikrosporen, schlossen das Prothallium alsbald ganz in ihr

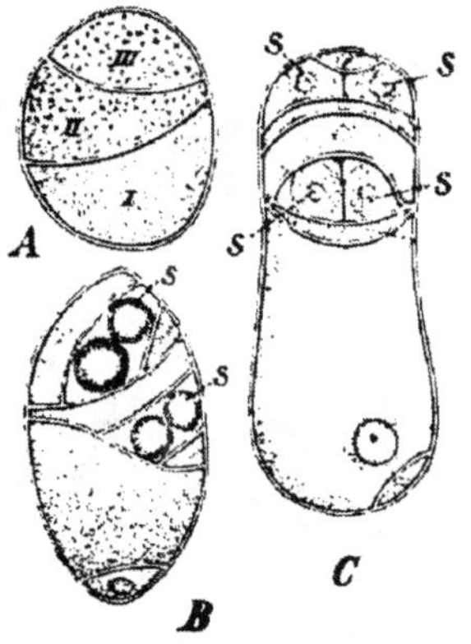

Fig. 14.

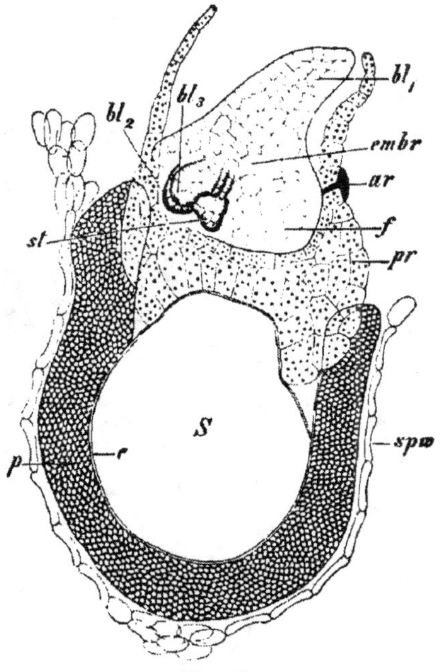

Fig. 15.

Fig. 14. Salvinia natans. Mikrosporen, die Entwicklung des sehr reduzierten männlichen Prothalliums zeigend. In *A* Teilung der Mikrospore in drei Zellen *I—III*. Vergr. 860. In *B* das fertiggestellte Prothallium von der Flanke, in *C* von der Innenseite. Mit *s* sind die Antheridien bezeichnet, von denen, wie die Innenansicht *C* zeigt, zwei nebeneinander liegen und, wie in der Flankenansicht *B* zu sehen, je zwei Spermatozoiden erzeugen. Dieses Bild nach Wl. Belajeff. 860 mal vergrößert.

Fig. 15. Salvinia natans. Medianer Längsschnitt durch eine Makrospore, die in ihrem Prothallium *pr*, aus dem befruchteten Ei ihres Archegoniums, dessen Hals bei *ar* noch zu sehen ist, den Keim *embr* erzeugt hat. An diesem *st*, der Vegetationspunkt, *bl1—3* die nacheinander erzeugten Blätter, *f* der sogenannte Fuß, mit welchem der Keim Nahrung aus dem Prothallium schöpft. *S* der innere Hohlraum der Makrospore; *e* ihre innere und *p* ihre äußere Haut, *spw* die Wand des Makrosporangiums. Dieses Bild nach N. Pringsheim. Vergr. 100.

Inneres ein (Fig. 14), um nur die Samenfäden nach außen zu entlassen; die weiblichen Sporen, die Makrosporen, ließen das kaum noch ergrünende Prothallium nur wenig aus ihrem Innenraum hervortreten (Fig. 15) und bildeten möglichst rasch die Archegonien

Bei den Phanerogamen (Fig. 19) hörte die Befreiung der Makrosporen aus ihren Behältern, den Samenanlagen, überhaupt auf, sie blieben in der Mutterpflanze eingeschlossen und nur die in den

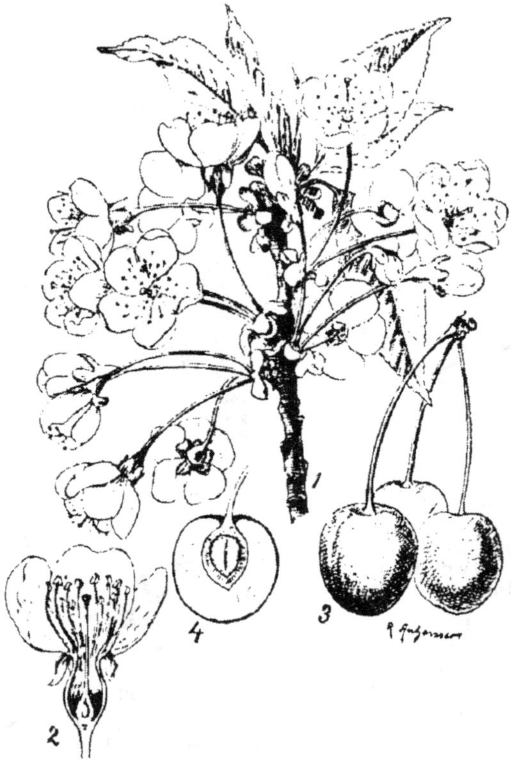

Fig. 16. Blüten und Früchte der Sauerkirsche (Prunus Cerasus). Der blühende Zweig in *1* zeigt im Innern der Blüten die Staubblätter, die an dünnen Filamenten die den Pollen einschließenden Antheren tragen. Außerdem in der Mitte zwischen den Staubblättern den Griffel mit der Narbe. Deutlicher führt uns letzteren der Längsschnitt der Blüte *2* vor, in welchem der Griffel sich bis zum Fruchtknoten verfolgen läßt, welcher in seinem Innern eine Samenanlage beherbergt. Die halbierte Einzelfrucht *4* schließt in ihrem „Stein" den Keim ein, dessen zwei durch die Mittellinie getrennte Keimblätter zu sehen sind.

Antherenfächern erzeugten Mikrosporen gelangten weiterhin ins Freie.

Was wir bei den Phanerogamen Pollen oder Blütenstaub

nennen (Fig. 17, 18), ist aus den Mikrosporen farnähnlicher Gewächse früherer Zeiten hervorgegangen, während deren Makrosporen (Fig. 19 *e*) zu Embryosäcken geworden sind. An Stelle jenes grünen, selbständig lebenden Prothalliums, das uns beim Wurmfarn entgegentrat, finden wir in dem Pollen der Phanerogamen nur wenige Zellen, ja schließlich nur noch eine einzige Zelle (Fig. 18), die als

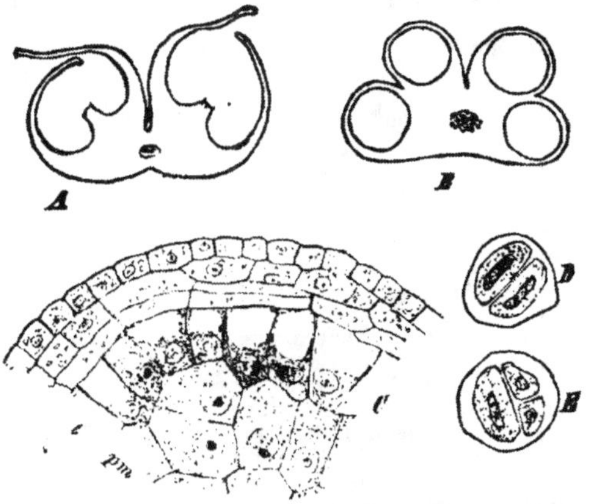

Fig. 17. Hemerocallis fulva. *A*, *B*, *C* Querschnitte durch verschieden alte Antheren und *D*, *E* geteilte Pollenmutterzellen dieses in unseren Gärten oft kultivierten, rotgelb blühenden Liliengewächses. In *A* Querschnitt durch eine fast reife Anthere, die beim Schneiden sich öffnete; in *B* Querschnitt durch eine jüngere Anthere, die geschlossen blieb. In beiden Bildern ist der Inhalt der Pollenfächer weggelassen worden. Vergr. 14. In *C* ein 28 mal vergrößertes Stück des Querschnittes *B*, in welchem *pm* die Pollenmutterzellen sind, die eine Reduktionsteilung ausführen und je vier Pollenkörner bilden werden. Aus den drei äußeren Zellschichten in diesem Bilde geht die Antherenwandung hervor, aus der Zellschicht *t* die sogenannte Tapetenschicht, die weiterhin aufgelöst wird. In *D* ist eine in vier Zellen geteilte Pollenmutterzelle zu sehen, beide Teilungen sind in gleicher Richtung erfolgt und die zwei Enkelzellen, die man sieht, decken zwei andere. In *E* hat sich beim zweiten Teilungsschritt die eine Tochterzelle rechtwinkelig zu der anderen geteilt, daher gleichzeitig drei Enkelzellen zu erblicken sind. Vergr. 240.

Prothalliumrest gelten können; im Innern des Embryosacks ein ebenfalls als Prothallium zu deutendes Gewebe, das bei den Angiospermen, der höheren Stufe der Phanerogamen, fast unmittelbar zur Eibildung schreitet (Fig. 19).

Die Erzeugung beweglicher Samenfäden hörte bei den phanerogamen Gewächsen alsbald auf. Es kamen besondere Einrichtungen zu stande, um die freigewordenen Pollenkörner in die Nähe der Samenanlagen zu bringen. Dort wächst aus jedem Pollenkorn

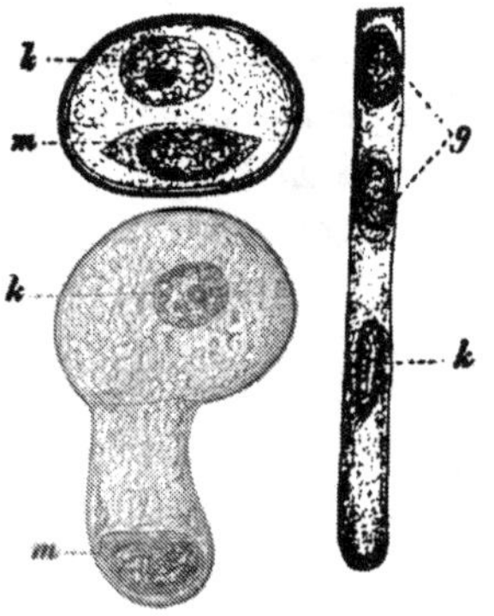

Fig. 18.

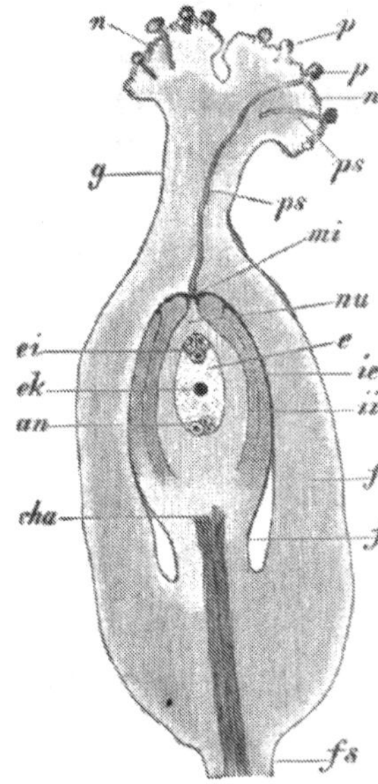

Fig. 19.

Fig. 18. Pollenkörner der Türkenbund-Lilie (Lilium Martagon), um die Reduktion des Prothalliums in den Pollenkörnern der Angiospermen und die Pollenschlauchbildung vorzuführen. Oben links ein reifes Pollenkorn, in ihm *k* der Kern der vegetativen Zelle, *m* die mit Kern versehene generative Zelle, welche das gesamte Prothallium vorstellt. Darunter links ein Pollenkorn zu Beginn seiner, auf einer Narbe erfolgenden Keimung. Die generative Zelle *m* ist im unteren Ende des Pollenschlauchs zu sehen. Rechts das untere Ende eines Pollenschlauches kurz bevor dieses die Samenanlage erreicht hat; der vegetative Kern *k* hat die generative Zelle überholt, diese aber sich in zwei Zellen *g* geteilt, welche je einen von nur wenig Zellplasma umschlossenen Spermakern führen. Diese Figuren nach LÉON GUIGNARD. Vergr. 375.

Fig. 19. Mittlerer Längsschnitt des Fruchtknotens aus der Blüte des windenden Knöterichs (Polygonum Convolvulus) nach erfolgter Bestäubung. Bei *fs* die stielförmige Basis des Fruchtknotens; *fu* der Stiel (funiculus) der Samenanlage; *cha* die sogenannte Chalaza, der Grund der Samenanlage, in welche das die Nahrungsstoffe und das Wasser zuführende, dunkler gehaltene Gefäßbündel endet; *nu* der Körper der Samenanlage, Knospenkern oder Nucellus genannt, der den Embryosack (Makrospore) *e* einschließt. Das Prothallium nur noch durch drei Zellen des Eiapparates *ei* im oberen Embryosackende und drei Zellen *an*, die sogenannten Gegenfüßlerinnen (Antipoden) im unteren Embryosackende vertreten. Die mittlere, tiefer vorspringende Zelle des Eiapparates ist das Ei. Der Kern *ek*, der sich in der Embryosackhöhle befindet, bildet durch spätere Teilungen das sogenannte Endospermgewebe, das die Embryosackhöhle ausfüllt und dessen Bildung als Fortsetzung der Prothalliumentwicklung gelten kann. Dieses Endospermgewebe wird nur erzeugt, wenn die Befruchtung erfolgte, es dient der Ernährung des aus dem befruchteten Ei hervorgehenden Keimes. Die Samenanlage besitzt zwei Hüllen, die Integumente *ie* und *ii*. Diese lassen oben eine Oeffnung, die Mikropyle *mi*, frei, durch welche die Pollenschläuche *ps* bis zum Nucellus und weiter durch diesen zum Embryosack vordringen können. Auf der Narbe (*n*) des Griffels *g* liegen Pollenkörner *p* und treiben in das Gewebe des Griffels ihre Schläuche. Vergr. 48.

ein Schlauch hervor (Fig. 18, 19 *ps*), der sich den Weg bis zum Embryosack bahnt, und die väterlichen Kerne ihm zuführt.

Wie der Anlage der Sporen des Wurmfarns, so geht auch der Bildung des Pollens und der Embryosäcke der Phanerogamen eine Reduktionsteilung voraus und setzt die Zahl der Chromosomen auf die Hälfte herab. Der Gametophyt, dem diese einfache Chromosomenzahl nunmehr zufällt, bleibt hier aber in seiner Ausbildung sehr eingeschränkt.

Ueberhaupt war es im Pflanzenreich die der Befruchtung entstammende, mit doppelter Chromosomenzahl ausgestattete Generation, die fast stets Bevorzugung fand. Sie erwies sich augenscheinlich als die stärkere. Da uns Gewächse niederer Entwicklungsstufen neuerdings bekannt werden, bei welchen auf den Befruchtungsvorgang unmittelbar die Reduktionsteilung folgt und dieses Verhalten als das ursprüngliche gelten muß, so ist anzunehmen, daß die phylogenetische Ausgestaltung der doppeltchromosomigen Generation durch dauernde Einschaltung neuer Entwicklungszustände zwischen die Befruchtung und den Reduktionsvorgang sich vollzogen hat. Der Sporophyt wurde dadurch immer zusammengesetzter und ausgedehnter. Im allgemeinen ging die einfachchromosomige Generation in dem Maße zurück, als die doppeltchromosomige erstarkte; nur die Moose (Fig. 20) machten hiervon eine Ausnahme, denn bei ihnen ist es die einfachchromosomige, somit ursprünge Generation, welche die Vorherrschaft behielt. So vermochten die Laubmoose bis zu einer Gliederung zu gelangen, die jener der höchstorganisierten Gewächse gleicht, ohne freilich jemals eine ansehnlichere Körpergröße zu erreichen. Das, was wir als Moospflänzchen bezeichnen, ist somit der Gametophyt; er führt jedes Chromosom nur einmal in seinen Kernen; doppelt vertreten sind die Chromosomen nur in dem Sporogon der Moose, das heißt in jenem aus Kapsel und Stiel bestehenden Gebilde (Fig. 21), das aus dem Moospflänzchen hinausragt. Dieser Sporophyt der Moose ist in dem Gametophyten eingefügt (Fig. 20); er wächst auf ihm und ernährt sich vornehmlich auf seine Kosten. In seiner Kapsel (Fig. 21) erzeugt er die Sporen, und zwar wieder im Anschluß an eine Reduktionsteilung, durch welche die Chromosomenzahl halbiert wird.

Die ruhenden Kerne aus dem jungen Gewebe einer phanerogamen Pflanze, deren Betrachtung allen diesen Erörterungen voraus-

Fig. 20.

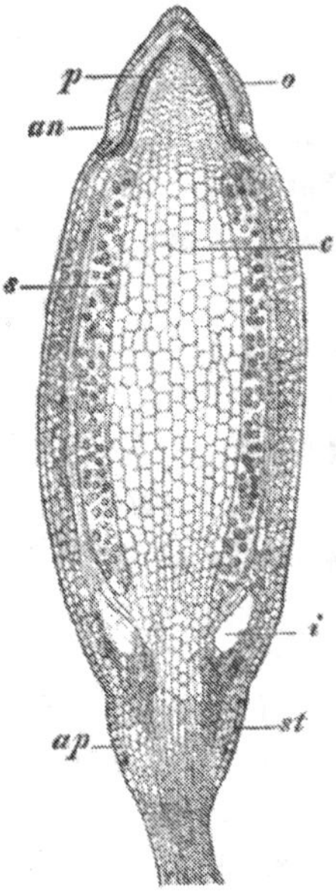

Fig. 21.

Fig. 20. Das Laubmoos Hypnum purum. Dem belaubten Pflänzchen, dem Gametophyt mit einfacher Chromosomenzahl in den Kernen, sitzen drei Sporogone der zweiten Generation auf, welche Sporophyten mit doppelter Chromosomenzahl darstellen. Natürl. Größe.

Fig. 21. Mittlerer Längsschnitt durch die halbreife Kapsel eines anderen Laubmooses, des Mnium hornum. Das mittelständige Gewebe der Kapsel, das sogenannte Säulchen (Columella) *c* ist von dem Sporensack umgeben, in welchem die bereits getrennten Sporen *s* liegen. Der Deckel *o* wird bei der Reife abgeworfen werden, an der Stelle *an*, die Ring genannt wird, sich lostrennend. Am Rande der Kapsel bleibt ein Zahnbesatz (Peristom) *p*, der dann entblößt wird, stehen. Vergr. 18.

ging und sie veranlaßte, müssen, wie wir aus der erfolgten Begründung nunmehr wissen, doppeltchromosomig sein. Denn wir entnahmen sie dem Sporophyt, der aus einem Befruchtungsvorgange hervorgegangenen Pflanze. Um diese doppelte Zusammensetzung der Kerne anzudeuten und die Chromosomen zu kennzeichnen, nahmen wir bereits zwei Farben zu Hilfe (Fig. 7). Wo die Grenzen der einzelnen Chromosomen wirklich liegen, das verrät uns freilich ein solcher ruhender Kern noch nicht, das muß uns sein anderweitiges Verhalten erst lehren. Die Annahme, daß bestimmte Gebilde im Zellkern, welcher Stufenreihe sie nun auch angehören mögen, individualisiert sein müssen und daß sie ihre Individualität bewahren, wird uns eigentlich schon durch das Bestehen einer Reduktionsteilung nahe gelegt. Denn eine Reduktionsteilung würde schwerlich in den Entwicklungsgang der Organismen eingeschaltet sein, wenn sie nicht notwendig wäre, um die Zahl solcher Gebilde zu vermindern.

Unter Umständen verraten es ruhende Kerne, wenn sie gereizt werden, daß die Individualität ihrer Chromosomen fortbesteht. So ist es in den Zellen gewisser Haargebilde, welche manche der auf Tierfang eingerichteten Pflanzen auf ihren Blättern tragen. Wird ihnen ein zusagender Nahrungsstoff geboten, so zieht sich der Inhalt der Kerne in ihren Haaren auf einzelne Stellen zusammen, und es sieht nun aus, als hätten die Chromosomen dort sich gesondert. Die Bilder erinnern oft auffällig an solche, die zu Beginn einer Kernteilung sich einstellen.

Es kann auch Gewebe geben, auf welche dauernd sich Einflüsse geltend machen, die eine gleichmäßige Ausbildung des Wabenwerkes der Kerne verhindern. Dann weisen solche Kerne dichtere Stellen auf, deren Zahl oft jener entspricht, die für die vorhandenen Chromosomen zu erwarten wäre.

Auch wenn die Zellen eines jugendlichen Gewebes in fortgesetzter Teilung begriffen sind, brauchen zwischen den aufeinander folgenden Teilungsschritten nicht volle Ruhestadien zu liegen und die Grenzen der Chromosomen sich bis zur Unkenntlichkeit zu verwischen.

Aber auch ein völlig ruhender Kern (Fig. 22, *1*) mit ganz gleichartigem Wabenwerk verrät seine wahre Zusammensetzung, sobald er sich anschickt, in eine neue Teilung einzutreten. Da beginnt sein Wabenwerk an einzelnen Stellen sich zu verdichten (Fig. 22, *2*). Dazwischenliegende Räume erscheinen bald inhaltsärmer, weisen weiterhin nur noch ein lockeres Netzwerk auf und werden schließlich fast leer, wenn alle Fäden und Lamellen auf die

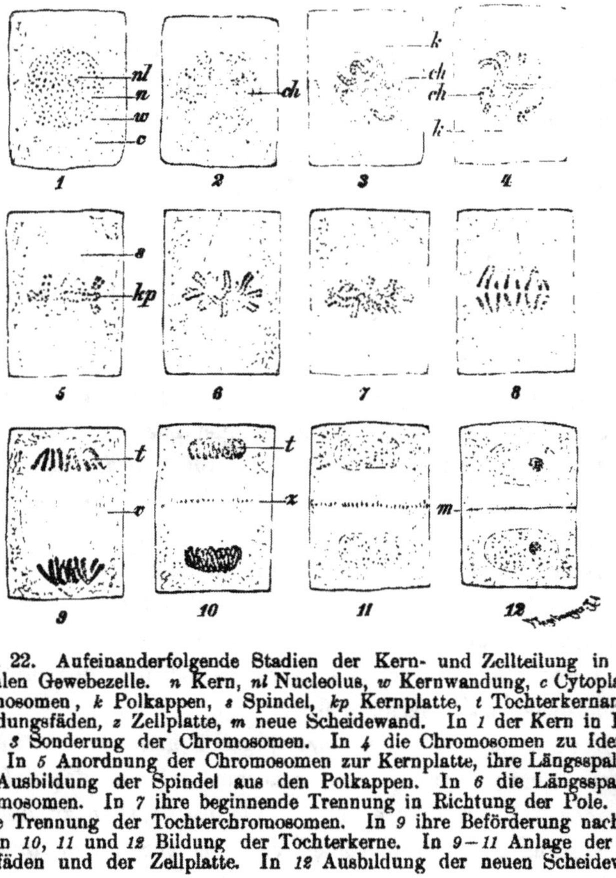

Fig. 22. Aufeinanderfolgende Stadien der Kern- und Zellteilung in einer embryonalen Gewebezelle. *n* Kern, *nl* Nucleolus, *w* Kernwandung, *c* Cytoplasma, *ch* Chromosomen, *k* Polkappen, *s* Spindel, *kp* Kernplatte, *t* Tochterkernanlage, *v* Verbindungsfäden, *z* Zellplatte, *m* neue Scheidewand. In *1* der Kern in Ruhe. In *2* und *3* Sonderung der Chromosomen. In *4* die Chromosomen zu Iden gesondert. In *5* Anordnung der Chromosomen zur Kernplatte, ihre Längsspaltung. In *3*–*5* Ausbildung der Spindel aus den Polkappen. In *6* die Längsspaltung der Chromosomen. In *7* ihre beginnende Trennung in Richtung der Pole. In *8* vollendete Trennung der Tochterchromosomen. In *9* ihre Beförderung nach den Polen. In *10*, *11* und *12* Bildung der Tochterkerne. In *9*–*11* Anlage der Verbindungsfäden und der Zellplatte. In *12* Ausbildung der neuen Scheidewand.

sich sondernden Chromosomen eingezogen sind. Letztere zeigen sich dann in Gestalt annähernd gleich dicker, scharf umgrenzter, mehr oder weniger stark gewundener Fäden (Fig. 22, *3*). Ihre

Zahl, die sich nunmehr bestimmen läßt, entspricht entweder genau der gehegten Erwartung, oder sie fällt auch wohl etwas zu gering aus. Im letzteren Falle fehlt es aber nicht etwa an einzelnen Chromosomen, es ist dann vielmehr ihre Trennung hier und dort unterblieben.

Mit beginnender Sonderung der Chromosomen aus dem Wabenwerk ballen sich die Pangene, bezw. die von ihnen gebildeten Körperchen, die Pangenosomen heißen könnten, zu größeren Körpern zusammen, so daß es nun viel leichter wird, letztere gegen die Substanz des Gerüstwerkes abzugrenzen. Solche Körner vereinigen sich weiter zu scheibenförmigen Gebilden von annähernd übereinstimmender Gestalt und Größe, die zu einfacher Reihe angeordnet in jedem Chromosom aufeinanderfolgen (Fig. 22, *3*). Sie werden durch Linin, das sie umhüllt und durch schmale Brücken verbindet, zusammengehalten. Diese scheibenförmigen Gebilde, die in den Präparaten weit begieriger als das Linin Farbstoffe aufspeichern, möchte ich mit August Weismann Iden nennen. In jedem solchen Id muß eine große Zahl von Pangenen vertreten sein. Welche Pangene in demselben Id zu einer höheren Einheit sich vereinigen, läßt sich nicht entscheiden, doch darf man annehmen, daß es Iden von näherer Verwandtschaft sind. Folgerichtiger wäre es, die aus Iden aufgebauten Chromosomen nunmehr auch mit August Weismann Idanten zu nennen. Nur weil die Bezeichnung „Chromosom" allgemein eingebürgert ist, will ich sie hier weiterführen.

Auch die Unterscheidung der einfach- und der doppeltchromosomigen Generationen im Entwicklungsgang der Organismen als Gametophyt und Sporophyt sollte einer anderen Benennung weichen, weil die Endigung „phyt" ihre Einschränkung auf Pflanzen verlangt. Ich habe Haplo-id und Diplo-id vorgeschlagen, wobei der Nachdruck auf „id" zu legen ist, das den Pangenkomplex „id" bedeuten und nicht etwa, wie in „Sphäroid", eine Aehnlichkeit ausdrücken soll.

Alsbald läßt sich, während die Vorbereitungen zur Kernteilung weiter fortschreiten, eine bandartige Abflachung der Chromosomen beobachten, der ihre Längsspaltung folgt. Durch diese werden aus jedem Chromosom zwei entsprechend schmälere Bänder gebildet. Der Schwerpunkt dieses Vorgangs liegt darin, daß er durch eine Teilung der Iden bedingt ist, welche nunmehr in zwei Längsreihen zerlegt erscheinen (Fig. 22, *4—6*). Sie folgen, zwei Perlschnuren gleichend, den Rändern des Doppelbandes, durch einen helleren Mittelstreifen voneinander getrennt. Zu einer sofortigen Trennung der beiden Längshälften kommt es nicht; sie machen vielmehr, noch aneinander haftend, die nächsten Entwicklungsvorgänge zusammen durch.

Diese bestehen in der für jede Kernteilung so charakteristischen Ausbildung einer Spindel.

Die Anlage zu letzterer geht von zwei entgegengesetzten Seiten der Kernoberfläche aus (Fig. 22, *3*, *4*). Sie beruht auf der Sonderung zarter dünner Fäden, der Spindelfasern, die der Mehrzahl nach bei ihrem Wachstum auf die Chromosomen treffen und an ihnen endigen, zum Teil einander begegnen und dann vereint durch den Kernraum laufen. Jede Längshälfte eines Chromosoms erhält Spindelfasern von nur einem Pol, jedes Längshälftenpaar somit von zwei entgegengesetzten Polen. Durch diese Spindelfasern werden die Chromosomen in die Aequatorialebene der Spindel eingereiht und ihre Längshälften den entsprechenden Polen zugewandt (Fig. 22, *5*). Die Gesamtheit der in der Aequatorialebene eingeordneten Chromosomen wird als Kernplatte oder als Aequatorialplatte bezeichnet. Solche, Kernplatten aufweisende Faserspindeln waren es, die mir einst unvermittelt im Grunde der Konifereneier entgegentraten.

Die Spindelfasern nehmen aller Wahrscheinlichkeit nach aus dem umgebenden Zellplasma ihren Ursprung. Es scheint das ein besonders aktiver Plasmateil zu sein, der leicht Fäden bildet, und den ich Kinoplasma genannt habe. Die Zunahme dieses Kinoplasmas zur Zeit der Kernteilung geschieht wohl auf Kosten der Substanz der Kernkörperchen, welche schwinden, während die Spindelfasern wachsen (Fig. 22, *4*, *5*). Die Substanz der Kernkörperchen möchte ich daher für einen Reservestoff halten. Viele Anzeichen sprechen dafür, daß dieser Reservestoff auch zuvor schon der Ernährung der Iden diente.

Während die Kernspindel ausgebildet wird, büßt der Kern die Wandung ein, mit der das umgebende Zellplasma ihn umhüllte. Dadurch kommen die Chromosomen in unmittelbare Berührung mit diesem Plasma. Auch Nukleolarsubstanz gelangt so in letzteres, und man sieht sie dort nicht selten sich zu extranuklearen Kernkörperchen verdichten.

Mit der Fertigstellung der Kernspindel sind die Prophasen der Kernteilung zu Ende geführt, und es beginnen ihre Metaphasen. Diejenigen Spindelfasern, die an den Chromosomen endigen, können als Zugfasern gelten. Indem sie sich verkürzen, ziehen sie die Längshälften eines jeden Chromosoms auseinander (Fig. 22, *7*) und befördern sie nach den entgegengesetzten Spindelpolen (Fig. 22, *8*). Die von Pol zu Pol reichenden Spindelfasern bleiben währenddem bestehen. An ihnen finden die sich abspielenden Vorgänge ihre mechanische Stütze, sie stellen Stützfasern dar.

Der Höhepunkt der Kernteilung ist mit der Trennung der Längshälften der Chromosomen und ihrer Verteilung auf die zu bildenden Tochterkerne überschritten. Durch ihn wird bedingt, daß jeder Tochterkern in allen Einzelheiten seinem Mutterkern gleicht. Wie oft auch die Kernteilungen in einem Organismus sich wiederholt haben mögen, ihre Produkte bleiben unverändert. Sie weisen alle ihre spezifischen Eigenschaften auch in den Vegetationspunkten einer Sequoia gigantea auf, selbst wenn diese ein Lebensalter von über fünftausend Jahren erreicht hat.

Mit dem Augenblicke, wo es feststand, daß ein Kern weder aufgelöst wird vor der Anlage neuer Kerne, noch in einfacher Weise sich durchschnürt, um sie zu bilden, daß er vielmehr höchst zusammengesetzte Vorgänge durchläuft, um Nachkommen zu erzeugen, erwachte auch die Vorstellung, daß er eine besondere Rolle bei der Vererbung spielen müsse. Daher die überraschenden

Erfolge der wieder aufgenommenen Kernstudien sofort auch zu neuen Untersuchungen der Befruchtungsvorgänge anregten.

Schon im Jahre 1866 sprach es Ernst Haeckel aus, daß „der Kern die Vererbung der erblichen Charaktere“ zu besorgen hat.

Im Jahre 1876 konnte Oscar Hertwig aus seinen an tierischen Eiern angestellten Untersuchungen den Schluß ziehen, daß der Befruchtungsakt darin seinen Abschluß findet, daß durch die Verschmelzung der zwei geschlechtlich differenzierten Kerne, des Ei- und Spermakerns, der Furchungskern gebildet wird. Auf pflanzliche Objekte gestützt, stellte ich dann im Jahre 1884 die Behauptung auf, daß der Kern der Träger der Erbsubstanz sei, und zu gleicher Zeit trat Oscar Hertwig mit derselben Vererbungstheorie auf.

Die Notwendigkeit jener minutiösen Vorgänge, an welche die Längsspaltung der Chromosomen gebunden ist, läßt sich nur begreifen, wenn wir sie als Mittel betrachten, das zur Halbierung jedes einzelnen Ids und der Verteilung seiner Hälften auf die Tochterchromosomen führt. So nur ist der Besitz von Nachkommen sämtlicher Iden jedem folgenden Tochterkern gesichert. Es liegt aber nahe, hieraus weiter zu folgern, daß die einzelnen Iden die Träger verschiedener Merkmale seien, die von einem Kern auf den folgenden übertragen werden müssen. Um von einem Stück Band, das seiner ganzen Länge nach aus demselben Stoff besteht, zwei einander völlig entsprechende Hälften zu erhalten, braucht man es nur in halber Länge quer zu durchschneiden. Sicherlich würde auch die Natur diesen einfachsten Weg der Teilung einschlagen, wenn jedes Chromosom seiner ganzen Länge nach sich gleich bliebe. Indem die Natur das Chromosom aber der Länge nach spaltet, verfährt sie so, wie ein Mensch verfahren würde, dem die Aufgabe zufiele, ein Band, das verschiedene aufeinanderfolgende Abschnitte aufweist, in übereinstimmende Hälften zu zerlegen.

Theodor Boveri stellte direkte Versuche an, um zu beweisen, daß die Chromosomen eines Kerns qualitativ verschieden untereinander sind. Er wandte sich an Seeigeleier, die es unter bestimmten Bedingungen gelingt, doppelt zu befruchten. In solchen Fällen hat der Eikern 2 Spermakerne aufgenommen. Statt der doppelten Chromosomenzahl führt der entstandene Keimkern dann somit die dreifache. Derartige Keimkerne vollziehen eine simultane Vierteilung, d. h. sie schreiten dann zur gleichzeitigen Bildung von 4 Tochterkernen. Da jedes Chromosom nur 2 Tochterkerne mit seinen Längshälften versorgen kann, so wird die gleichzeitige Vierteilung der Mutterkerne zu ungleichen Kombinationen der Chromosomen in den Tochterkernen vielfach führen müssen. Es ist denkbar, daß ein Tochterkern einander entsprechende Chromosomen mehrfach erhalte, und daß ihm andere ganz fehlen. Auf eine derartige Vierteilung des Keimkerns folgt eine Vierteilung des Eies. Boveri konnte die so entstandenen 4 Zellen durch Schütteln voneinander trennen, und da ihre gesonderte Weiterentwicklung möglich ist, diese verfolgen. Letztere fiel in der Regel verschieden aus und wurde vor allem auch verschieden lang fortgesetzt. — Als Stütze dafür, daß auch qualitative Verschiedenheiten zwischen den verschiedenen Abschnitten desselben Chromosoms bestehen, konnte Boveri hingegen nur die auffällige Erscheinung anführen, daß in den Eiern der Ascariden die Chromosomen dickere Enden aufweisen, die während der Eifurchung in den Kernen der Zellen, die den Körper aufbauen, abgestoßen werden, und die nur den Kernen jener Zellen verbleiben, die bestimmt sind, die Geschlechtsprodukte zu liefern.

Auf das ungleiche Aussehen der Chromosomen in den Geschlechtsprodukten der Insekten hatten Thos. H. Montgomery und Walther J. Sutton hingewiesen. Für bestimmte Pflanzen war ihre verschiedene Größe als konstante Erscheinung schon seit längerer Zeit bekannt. Ich wandte ihr meine besondere Aufmerksamkeit in letzter Zeit wieder zu, und zwar sowohl in der einfach- als auch der doppeltchromosomigen Generation verschiedener Monocotylen. In den sich teilenden Kernen der doppeltchromosomigen Generation dieser Gewächse fiel mir jetzt auch auf, daß ihre gleich großen Chromosomen oft genähert in Paaren liegen (Fig. 23, 24). Die Annahme lag nahe, daß es die einander entsprechenden, vom Vater und von der Mutter stammenden Chromosomen sind, die sich so beisammen halten, und daß somit in ihrer gleichen Größe sich tatsächlich ihre Uebereinstimmung offenbart. Da die ungleiche Größe der Chromosomen in den Kernen einer gegebenen Pflanzenart dauernd eingehalten wird, so darf man in ihr auch eine weitere Stütze für die qualitative Verschiedenheit der einzelnen Chromosomen erblicken.

Daß auch eine qualitative Verschiedenheit der einzelnen Abschnitte eines jeden Chromosoms bestehen müsse, ward mir nach der Bekanntmachung der MENDELschen Spaltungsregeln bei Rassen-

Fig. 23.

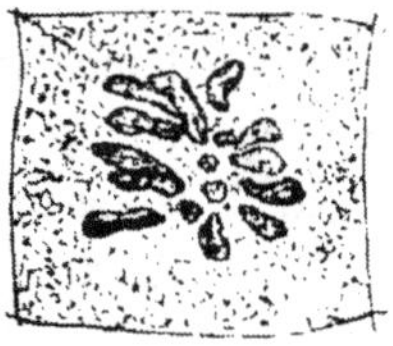

Fig. 24.

Fig. 23. Junge Gewebezelle aus der Blütenknospe von Funkia Sieboldiana. Der Kern im Zustand der Prophase nach erfolgter Sonderung der Chromosomen, die zum Teil deutliche Paare bilden. Vergr. 1500.

Fig. 24. Junge Gewebezelle aus der Blütenknospe von Galtonia candicans. Der Kern im Zustand der Metaphase. Die fertiggestellte Kernplatte zeigt sich in der Polansicht. Sie führt 12 größere und 4 kleinere Chromosomen, welche letzteren deutlich zwei in der Mitte der Kernplatte gelegene Paare bilden. Vergrößerung 1500.

hybriden alsbald klar. Doch die materiellen Stützen für diese Verschiedenheit wird uns erst die Reduktionsteilung bringen, weshalb wir ihre Begründung bis dahin verschieben.

Auf die Metaphasen des Kernteilungsvorgangs folgen jene Zustände, die man als Anaphasen zusammenfaßt. Die gesonderten Tochterchromosomen nähern sich alsdann den Polen der Kernspindel (Fig. 22, *9*), dorthin durch die Wirksamkeit der Zugfasern befördert. Während ihrer Wanderung werden sie einander genähert und kommen an den Polen schließlich in seitliche Berührung. Jetzt grenzt sich das umgebende Zellplasma mit einer

Hautschicht gegen sie ab und die Wandung des Tochterkerns ist gebildet (Fig. 22, *10*). Hierauf setzen die Telophasen der Kernteilung ein, die, wie einst schon WALTHER FLEMMING betont hatte, im wesentlichen dasselbe in rückläufiger Bewegung wiederholen, was die Prophasen in fortschreitender Entwicklung geleistet hatten. Zunächst beginnt zwischen den zusammengedrängten Chromosomen sich Kernsaft zu sammeln und drängt sie auseinander (Fig. 22, *11*). Sie bleiben dabei durch zarte Lamellen und Fäden vereinigt, die zwischen ihnen ausgesponnen werden. Dann fangen die Chromosomen an, ein schwammiges Gefüge anzunehmen. Es treten in ihnen Hohlräume auf und verwandeln sie allmählich in wabige Körper. Der Kern nimmt entsprechend an Größe zu, Kernkörperchen finden sich in ihm wieder ein (Fig. 22, *12*). Wird die wabige Struktur der Chromosomen gleichmäßig durchgeführt, so bietet der Ruhezustand des Kerns schließlich jenes übereinstimmende Gefüge dar, das eine Unterscheidung der ursprünglichen Chromosomengrenzen unmöglich macht. Behalten bestimmte Teile der Chromosomen einen dichteren Bau, so markieren sie sich auch im ruhenden Kern als jene Stellen, deren Zahl jener der vorhandenen Chromosomen entweder wirklich entspricht oder doch entsprechen kann.

Allein selbst dort, wo jede Möglichkeit fehlt, das Gebiet der einzelnen Chromosomen im ruhenden Kern abzugrenzen, muß angenommen werden, daß ihre Individualität fortbesteht. Ein direktes Zeugnis für diese Annahme erwächst aus solchen Fällen, wo bei der Vorbereitung für den nächsten Teilungsschritt die Chromosomen nachweisbar in derselben Lage sich wieder aus dem Wabenwerk heraussondern, in der sie in seine Bildung eingetreten waren. Wo dichtere Stellen die Lage der einzelnen Chromosomen im ruhenden Kern verraten, findet die Zusammenziehung des Inhalts auf diese Stellen dann auch nachweisbar statt.

Kurzum, die Tatsachen selbst, sowie Gründe der Theorie, sprechen dafür, daß die Individualität der Chromosomen dauernd in den Organismen gewahrt bleibt. Aus ihr heraus läßt sich ohne weiteres die Konstanz der Chromosomenzahl in den Kernen, wie sie sich bei jeder Kernteilung offenbart, begreifen. Vor allem wird dieses bestimmte Zahlenverhältnis, wie es vor Zeiten schon Eduard van Beneden, Léon Guignard, mir und anderen auffiel, in den Geschlechtsprodukten eingehalten. Wo aber in Körperzellen die Zahlen nicht zu stimmen scheinen, da läßt sich nachweisen, daß nicht der Schwund einzelner Chromosomen, sondern ihre unvollkommene Trennung bei der Teilungssonderung den Ausfall bedingt.

Das eigenartige Aussehen der Teilungsbilder, die jene Zellen darbieten, in welchen eine Herabsetzung der Chromosomenzahl erfolgt, hat schon frühzeitig die Aufmerksamkeit der Forscher auf sich gelenkt. Neuerdings schlug J. P. Lotsy vor, solche Zellen als Nachkommenbildner, Gonotokonten, zu bezeichnen, und ich schloß mich ihm in dieser Namensgebung an.

Ueber die Deutung der Teilungsbilder selbst, auf die es ankommt, gingen die Ansichten lange Zeit auseinander und die Lösung der Aufgabe erwies sich als so schwierig, daß sie über zwei Dezennien intensiver Forscherarbeit verlangte. Annehmen läßt sich, daß die jetzt zur Herrschaft gelangende Auffassung des Vorgangs wirklich zutreffend ist, und daß sie dauernd sich bewährt. Für ihre Richtigkeit fällt schwer ins Gewicht, daß die direkten Erfahrungen auf dem Vererbungsgebiet so gut zu ihr stimmen.

Die vornehmlich von Botanikern, doch auch von mehreren Zoohistologen herrührende Angabe, daß der „heterotypische“ Teilungsvorgang in den Gonotokonten auf zwei rasch aufeinander folgenden Längsspaltungen der Chromosomen beruhe, trifft als Ergebnis direkter Wahrnehmung auch heute noch zu. Doch wodurch die Deutung der Erscheinungen eine Wandlung erfährt, ist der erst neuerlich erfolgte Nachweis, daß der ersten als Längsspaltung sich äußernden Verdoppelung der Chromosomen eine Verschmelzung von je zwei Chromosomen vorausgeht, dieser als Längsspaltung aufgefaßte Vorgang somit nur das Aufhören eines zuvor eingegangenen Verbandes bedeute.

Würden zwei echte Längsspaltungen der Chromosomen bei der heterotypischen Kernteilung vorliegen, so müßten die erzeugten Enkelchromosomen einander ebenso gleichen, wie die Produkte von zwei aufeinanderfolgenden gewöhnlichen Kernteilungen. Ganz anders nun, wenn jener Vorgang, der sich als erste Längsspaltung im Kern der Gonotokonten dem Beobachter darbietet, eine Trennung zuvor vereinigter Chromosomen vorstellt. Längsspaltungen der Chromosomen, so oft sie sich auch wiederholen mögen, geben nur übereinstimmende Produkte, sie stellen „Aequationsteilungen" dar. Eine Trennung ganzer Chromosomen muß aber, falls diese verschiedenen Kernen zufallen, eine Verminderung der Chromosomenzahl veranlassen, außerdem nicht völlig übereinstimmende Teilungsprodukte liefern, und damit als „qualitative Reduktionsteilung" in den Entwickelungsgang des Organismus eingreifen.

August Weismann war auf Grund theoretischer Erwägungen im Jahre 1887 zu der Vorstellung gelangt, daß eine Reduktionsteilung notwendig sei, um eine Verdoppelung der Chromosomenzahl bei jedem Befruchtungsvorgang zu verhindern. Der Auffassung, die er sich gemäß dem damaligen Stande der Forschung von dem Vorgang bildete, sowie die theoretischen Gesichtspunkte, die ihn bei seiner Anschauung leiteten, vermochten nicht, die in den Beobachtungen noch vorhandenen Gegensätze zu schlichten. Ein Ausgleich der Ansichten wurde nicht erzielt und die verschiedenen Deutungen der Erscheinung hielten zunächst an.

Während die Weismannschen Schüler sich bemühten, Tatsachen für das Bestehen einer wirklich qualitativen Reduktionsteilung beizubringen, konnten ihnen andere Zoologen, vornehmlich aber die Botaniker, die durch die Beobachtungen allem Anschein nach gut gestützte zweimalige Längsspaltung der Chromosomen vorhalten, die nur Aequationsteilungen liefern konnte. Die Wiederentdeckung der Mendelschen Spaltungsregeln durch C. Correns, Hugo de Vries und Erich Tschermak im Jahre 1900 änderte erst endgültig die Lage zu Gunsten der Reduktionsteilung. In der Tat war es schwer, solchen Tatsachen gegenüber, wie sie die Nachkommen „spaltender“ Hybriden darboten, mit Aequationsteilungen in den Gonotokonten auszukommen. Nur eine qualitative Teilung konnte das Rätsel lösen. Daher die Stimmung aller Beteiligten in derselben Richtung beeinflußt wurde und das Bestreben, nach Vorgängen zu suchen, aus denen eine qualitative Teilung in den Gonotokonten sich ergeben könnte, neu belebte.

Vor allem stellte es sich nunmehr als notwendig heraus, mit der Beobachtung des heterotypischen Teilungsvorgangs auf frühere Stadien, als es bisher geschehen war, zurückzugreifen und dort nach der Lösung jenes Widerspruches zu suchen, der sich zwischen der Annahme einer doppelten Längsspaltung und den theoretischen Anforderungen eingestellt hatte.

Vornehmlich waren es nun VICTOR GRÉGOIRE und seine Schüler, welche mit der Behauptung vortraten, daß dem als erste Längsspaltung in dem Mutterkern der Gonotokonten gedeuteten Vorgang eine Verschmelzung von Doppelfäden vorausgeht. GRÉGOIRE hatte auch das Verdienst, darauf hinzuweisen, daß jener als erste Längsspaltung der Chromosomen gedeutete Vorgang sich von einer typischen Längsspaltung dadurch unterscheide, daß er von einem fast unmittelbaren Auseinanderweichen der beiden sich trennenden Chromosomen gefolgt wird.

Zur Zeit dieser Veröffentlichungen hatten auch wir im Bonner botanischen Institut die Untersuchungen wieder aufgenommen. Es beteiligte sich an ihnen außer KIICHI MIYAKE und JAMES B. OVERTON auch CHARLES E. ALLEN, der unabhängig von den belgischen Forschern annähernd dieselben Angaben wie jene über die Vorgänge bei der Reduktionsteilung in den Pollenmutterzellen einer Lilie in der Botanical Gazette schon veröffentlicht hatte.

Ich will es nun versuchen, die Reduktionsteilung, wie sie sich heute uns darstellt, in ihren wesentlichen Zügen anschaulich zu schildern.

Zunächst erinnere ich daran, daß der Mutterkern des Gonotokonten, der die Reduktionsteilung ausführen soll, trotzdem er es im ruhenden Zustande (Fig. 25, *1*) meist nicht verrät, mit einer doppelten Chromosomenzahl ausgestattet ist, und daß er je zwei Chromosomen derselben Eigenart, ein väterliches und ein mütterliches, führt, so wie diese beim letzten Zeugungsakt vereinigt wurden.

Wie ich nun in den Kernen der Körperzellen Erscheinungen beobachtet hatte, die darauf hinweisen, daß die sich gegenseitig entsprechenden Chromosomen beieinander bleiben, so läßt sich auch in den Prophasen, welche die Reduktionsteilung einleiten, eine ähnliche Erscheinung öfters feststellen. Dann bilden die sich sondernden Chromosomen Paare, in welchen die Komponenten mehr oder weniger deutlich unterscheidbar sind (Fig. 25, *2*) und erst allmählich undeutlich werden. Auf diese Paare zieht sich nach und nach der übrige Kerninhalt zusammen, um schließlich einen Knäuel zu bilden, der sich verdichtet und in exzentrische Lage rückt (Fig. 25, *3*). Der so geschaffene Zustand war seit längerer Zeit den Forschern bekannt und hat von J. E. S. Moore, dem seine allgemeine Verbreitung auffiel, die Bezeichnung Synapsis erhalten. Gewöhnlich wird das Kernkörperchen aus dem synaptischen Knäuel hinausgedrängt, als sollte es die Vorgänge nicht stören, die sich in dessen Innerem vollziehen. Es liegt dann abgeflacht zwischen ihm und der Kernwandung (Fig. 25, *3*).

Hierauf stellt sich ein eigenartiger Vorgang ein, der darauf beruht, daß feine Doppelfäden ausgesponnen werden und aus dem Gewirre des Knäuels sich befreien (Fig. 25, *4*). Sie führen in gestreckten Lininfäden stärker färbbare Körper, die als Iden gelten können (Fig. 26, *A*). Diese sind oft durch merkliche Abstände des Fadens voneinander getrennt, so daß man fast meinen könnte, als käme es auf ihre vollkommene Sonderung besonders an. Man stellt an vielen Orten sicher fest, daß die zarten Fäden Paare bilden (Fig. 25, *4*, Fig. 26, *A*) und daß die Iden in ihnen so angeordnet sind, daß sie einander gegenüberstehen. Stellenweise ist der Verlauf zweier Fäden genau parallel, streckenweise sind sie umeinander

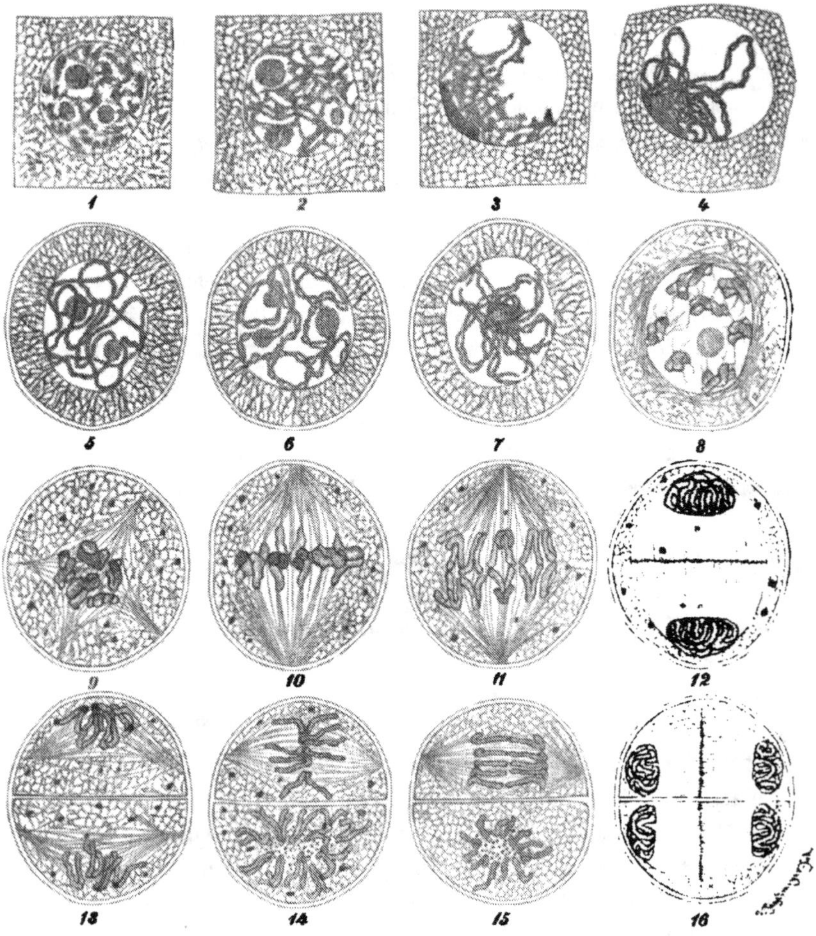

Fig. 25. Pollenmutterzellen einer Lilie in Teilung, etwas schematisiert, *1* Mutterzelle mit ruhendem Kern. *2* Die Sonderung der Chromosomen. *3* Synapsis. *4* Doppelfäden in Verschmelzung begriffen. *5* Der aus den verschmolzenen Doppelfäden entstandene, einen scheinbar einfachen Faden zeigende Knäuel. *6* Wiedererfolgende Trennung der Fäden; der Knäuel noch unsegmentiert. *7* Der Knäuel quer segmentiert, Doppelchromosomen. *8* Diakinese. *9* Multipolare Spindelanlage. *10* Mutterkernspindel, die Kernplatte von Doppelchromosomen gebildet. *11* Reduktionsteilung; die auseinanderweichenden Chromosomen eine teilweise Trennung ihrer Längshälften zeigend. *12* Anlagen der Tochterkerne. *13* Die Längshälften der Chromosomen (Tochterchromosomen) werden zu Paaren verbunden in die Kernspindeln eingereiht. *14* Tochterkernspindeln. *15* Auseinanderweichen der Tochterchromosomen. *16* Anlagen der Enkelkerne. Vergr. etwa 800.

gewunden, oder auch zu nur einem Faden bereits vereint. Es kann Objekte geben, bei welchen die Doppelfäden fast durchweg schon verschmolzen aus dem Knäuel hervortreten. Doch die vorsynaptischen Stadien belehrten uns bereits darüber, daß wir es mit Doppelstrukturen hier stets zu tun haben. Die Bedeutung der auffälligen Streckung, welche die Chromosomen im postsynaptischen Stadium erfahren, möchte ich, wie schon erwähnt, in die damit verbundene Sonderung der Iden verlegen. Die homologen Idenpaare, in solcher Weise getrennt und einander gegenübergestellt, können nun in Wechselwirkung treten, ohne von anderen Iden darin gestört zu werden. Diese Wechselwirkung führt alsbald zu ihrer Verschmel-

Fig. 26. Die Vorgänge der Chromosomenverschmelzung und Wiedertrennung, sowie die darauf folgende Längsspaltung, aus den Prophasen der Reduktionsteilung in den Pollenmutterzellen der canadischen Lilie (Lilium canadense). *A* Doppelfäden mit gesonderten Iden vor der Verschmelzung. *B* Der Verschmelzungsvorgang. *C* Vollendete Verschmelzung. *D* Die bisher als erste Längsspaltung gedeutete Wiedertrennung der elterlichen Chromosomen. *E* Die erste wirkliche Längsspaltung dieser voneinander bereits getrennten Chromosomen. Nach Bildern von C. E. ALLEN. Vergr. etwa 1800.

zung (Fig. 26, *B*, *C*), und die weitere Folge letzterer dürfte wohl sein, daß sich nun in dem Verschmelzungsprodukt die homologen Pangene zusammenfinden. Daß es aber auch wirklich die einander entsprechenden väterlichen und mütterlichen Chromosomen waren, die Fadenpaare bildend, aus dem synaptischen Knäuel hervortraten, das lehren unzweifelhaft jene Fälle, wo den Chromosomen ungleiche Größe zukommt. Es tritt das später noch deutlicher hervor, ist aber unter Umständen zuvor schon an der Weite der von den Fadenpaaren gebildeten Schleifen zu erkennen. Aus den verschiedenen Doppelfäden und ihren Iden gehen entsprechend dickere Einzelfäden mit größeren Iden hervor (Fig. 25, *5*, Fig. 26, *C*). Was in letzteren vorgeht, entzieht sich der Beobachtung und wird sich ihr dauernd entziehen. Da setzen die theoretischen Konstruktionen ein und versuchen es, unserm Geist eine Welt zu erschließen, die der sinnlichen Wahrnehmung verborgen bleibt.

Vergegenwärtigen wir uns alle die Vorgänge, die vom Geschlechtsleben der Organismen her uns bekannt sind, und stellen ihre Aufeinanderfolge nach pflanzlichen Mustern uns vor, so erhalten wir eine fortgesetzte Reihe von Verschmelzungen, die an immer kleiner werdenden Elementen sich vollziehen. Die wissenschaftliche Forschung deckt diese Aufeinanderfolge allmählich auf, von dem Größeren zu dem Kleineren schrittweise fortschreitend. Zunächst hatte man sich mit der Feststellung zu begnügen, daß im Befruchtungsvorgang zwei als Gameten bezeichnete Geschlechtszellen sich vereinigen; dann folgte der Nachweis einer Verschmelzung der Kerne dieser Zellen; jetzt kommen wir einer Vereinigung von Chromosomen und Iden vor der Reduktionsteilung auf die Spur und glauben uns zu der Annahme berechtigt, daß der ganze Vorgang seinen Abschluß erst in einer Vereinigung der Pangene findet.

Somit ist die Vereinigung der Geschlechtskerne in den Eiern nicht das letzte Wort der Befruchtung. Denn die Chromosomen beider Kerne gehen getrennt voneinander durch die erzeugten Nachkommen hindurch und erst bei dem Abschluß der Entwicklung dieser letzteren kommt es zu ihrer, der Chromosomen, zeitweiser, mit vorübergehender Aufgabe der Individualität verbundenen Verschmelzung. Bei gewissen Pilzen und auch Krebstieren, deren Verhalten jetzt aus seiner isolierten Lage rückt, werden Spermakern und Eikern durch die ganze doppeltchromosomige Generation getrennt hindurchgeführt, so daß auch ihre Vereinigung zu einem Kern erst im Zeitpunkt der Reduktionsteilung sich vollzieht.

Nach erfolgter Verschmelzung der Iden verkürzen und verdicken sich die Windungen des Fadenknäuels und gestatten einen leichteren Einblick in seinen Bau (Fig. 25, *5*). Da läßt es sich auch feststellen, daß der Kernfaden ununterbrochen ist und in sich selbst zurückläuft. Es fehlen demgemäß freie Chromosomenenden im Bilde, wie man sie gewohnt ist, auf gleich weit vorgerückten Teilungsstadien in den Kernen von Körperzellen zu finden. Durch das Aneinanderketten der Chromosomen in den Prophasen der Reduktionsteilung, dürfte wohl ihre erforderliche Lage im Knäuel besser gesichert sein und das genaue Aufeinandertreffen der homologen Glieder dadurch erleichtert werden.

Der Kernfaden schien in dem gelockerten Knäuel einfach geworden zu sein, jetzt beginnt er seine doppelte Natur wieder zu verraten. Die beiden Fäden, die ihn gebildet hatten, trennen sich voneinander und bieten jenen Vorgang dar, der so lange Zeit als erste Längsspaltung galt (Fig. 25, *6*, Fig. 26, *D*). Im Gegensatz zu einer wirklichen Längsspaltung bleiben die Produkte hier nicht lange einander angeschmiegt, trennen sich vielmehr alsbald voneinander. Währenddem erfolgt eine Segmentierung des Knäuels in Abschnitte (Fig. 25, *7*). Die Zahl dieser Abschnitte ist halb so groß als jene der Chromosomen in den Kernen der Körperzellen, da aber jeder Abschnitt zwei nebeneinander laufende Chromosomen aufweist, so ist deren Doppelzahl auch jetzt noch vollständig (Fig. 25, *7*, Fig. 26, *E*). Daß die einzelnen Chromosomen trotz ihrer Verkettung im Knäuel und ihrer zeitweiligen Paarung ihre Individualität behalten haben, verraten besonders jetzt sehr deutlich jene Kerne, die über verschieden große Chromosomen verfügen. Denn verschieden groß treten diese bei der Segmentierung des Knäuels wieder in die Erscheinung, jedes Paar naturgemäß aus zwei einander entsprechenden Chromosomen zusammengefügt.

Solange diese Trennung der zuvor vereinigten Chromosomen als die erste Längsspaltung galt, mußte die numerische Reduktion der Chromosomen in den Zeitpunkt verlegt werden, in welchem die Segmentierung des Fadenknäuels im Mutterkern des Gonotokonten erfolgt. Jetzt erfahren wir, daß die Vollzahl der Chromosomen auch nach der Querteilung des Kernfadens noch fortbesteht. Somit ist der Reduktionsvorgang auf diesem Zustand noch nicht vollzogen.

Die beiden Chromosomen jedes Paares flachen sich hierauf etwas ab und führen nunmehr wirklich, jedes Chromosom für sich, eine Längsteilung aus (Fig. 26, *E*). Der Zeitpunkt, in welchem dieses geschieht, entspricht annähernd jenem, wo wir eine Längsspaltung der Chromosomen auch bei einer Kernteilung in Körperzellen sich vollziehen sehen.

Dann findet eine besonders starke Verkürzung und Verdickung der Chromosomenpaare statt, wobei von der erfolgten Längsspaltung ihrer Komponenten kaum mehr etwas zu erkennen ist. Da die Paare infolge ihrer starken Verkürzung außer Kontakt kommen, suchen sie nach einer Stütze an der Kernwandung, an der sie sich nunmehr verteilen (Fig. 25, *8*). So kommt der für eine heterotypische Teilung bezeichnende Zustand der „Diakinese“ zu stande. Je nach der Pflanzenart oder auch Tierart, die zur Untersuchung vorliegt, sieht man die Chromosomenpaare Doppelstäbchen, Ringe oder Ellipsen, auch wohl andere Figuren an der Kernwandung bilden. Handelt es sich um einen Kern mit ungleich großen Chromosomen, so kommen die Unterschiede jetzt auffällig zum Ausdruck (Fig. 27, *A*). Aehnliche Bilder waren es auch, die zuerst Montgomery zu der Annahme bestimmten, daß die Paare von je zwei einander entsprechenden Chromosomen gebildet seien, von denen eines vom Vater, das andere von der Mutter stamme.

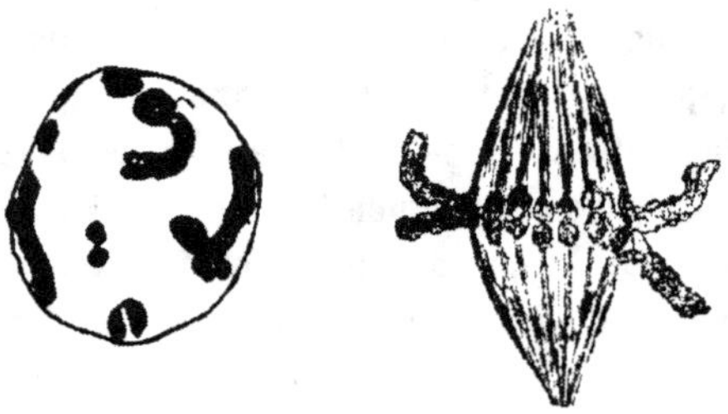

A B

Fig. 27. Mutterkerne der Pollenmutterzellen von Funkia Sieboldiana. *A* In Diakinese. *B* Im Augenblick der Reduktionsteilung. In beiden Figuren ist die verschiedene Größe der Chromosomen auffällig und nicht minder deutlich, daß die zu je einem Paar vereinigten Chromosomen gleich groß sind. Das zeigt sich auch im Augenblick ihres beginnenden Auseinanderweichens an der Kernspindel. Diese beiden Figuren nach Kiichi Miyake. Vergr. etwa 1300.

Aus der Diakinese bildet sich die Kernspindel heraus, wobei

die Kernwandung schwindet. Die Anlage der Kernspindel ist meist multipolar (Fig. 25, *9*), um hierauf bipolar (Fig. 25, *10*) zu werden. Es sind nicht die Längshälften der Chromosomen, die bei dieser Teilungsart von den Spindelfasern erfaßt werden, sondern die zu Paaren vereinten ganzen Chromosomen. Das eine Chromosom des Paares ist demgemäß dem einen, das andere dem entgegengesetzten Pole zugewandt. Dadurch wird das eigenartige Aussehen der Kernplatte in der Metaphase der heterotypischen Kernteilung bedingt (Fig. 25, *10*). Dann erfolgt die Trennung in den Paaren (Fig. 25, *11*), wobei somit ganze Chromosomen nach den Spindelpolen gelangen. Ob das väterliche oder mütterliche Chromosom eines Paares nach diesem oder jenem Pol befördert wird, bleibt dem Zufall vorbehalten. Es finden sich auf diese Weise väterliche und mütterliche Chromosomen in allen möglichen Kombinationen in den Tochterkernanlagen zusammen, wobei auch der Fall möglich ist, daß der eine Tochterkern alle väterlichen, der andere alle mütterlichen Chromosomen erhalte.

Es leuchtet ohne weiteres ein, daß erst auf diesem Stadium der heterotypischen Kernteilung der wirkliche Reduktionsvorgang sich vollzieht. Denn erst bei diesem Vorgang erfolgt die Verteilung ganzer Chromosomen auf zwei Teilungsprodukte, findet somit die Halbierung ihrer Zahl statt.

Jeder der beiden Tochterkerne hat nur eine Hälfte der Chromosomen des Mutterkerns erhalten.

Jedes Chromosom nahm andererseits seine beiden Längshälften in dieselbe Tochterkernanlage mit. Diese Längshälften beginnen meist schon auf ihrem Wege nach den Polen auseinander zu weichen, so daß die Bilder der Anaphase dadurch ein bestimmtes Aussehen erlangen (Fig. 25, *11*). Gewöhnlich vollzieht sich die Trennung dieser Längshälften nur an ihren dem Aequator zugekehrten Enden, während die dem Pol näheren aneinander bleiben. Hieraus gehen V-förmige Figuren hervor.

In den sich nun aufbauenden Tochterkernen (Fig. 25, *12*) verlaufen die Telophasen im wesentlichen so, wie wir sie in den

Tochterkernen der Körperzellen, also bei typischer Kernteilung, kennen gelernt haben. Doch schreitet die Vakuolisierung der Chromosomen meist nicht so weit fort und es kommt überhaupt nicht zur Ausbildung eines Zustandes, der als Ruhestadium gelten könnte.

Denn auf die Reduktionsteilung pflegt eine nochmalige Kernteilung so rasch zu folgen, daß man die Verknüpfung der beiden Teilungsschritte als ein charakteristisches Merkmal des ganzen Vorgangs ansehen darf.

Daß diese zweite Teilung so unmittelbar sich der ersten anschließt, kann nicht überraschen, wenn man bedenkt, daß die Tochterkerne bei ihrer Entstehung schon längsgespaltene Chromosomen von ihrem Mutterkern übernehmen.

Die beiden Längshälften jedes Chromosoms bleiben in den Tochterkernen des Gonotokonten beieinander liegen und sondern sich in Paaren wieder heraus (Fig. 25, *13*), um so in die Kernspindel (Fig. 25, *14*) aufgenommen zu werden. Dort erfolgt erst ihre Trennung (Fig. 25, *15*) und dann ihre Verteilung auf die Enkelkerne (Fig. 25, *16*). Was somit bei diesem zweiten Teilungsschritte letzteren zufällt, sind Tochterchromosomen, nicht Enkelchromosomen des Mutterkerns.

Es leuchtet ein, daß ein Zusammenbleiben der gleichwertigen Tochterchromosomen des Mutterkerns in den Tochterkernen vor ihrer Verteilung auf die Enkelkerne eine Notwendigkeit darstellt. So nur wird ihre richtige Verteilung auf letztere gesichert. Denselben Erfolg würde auch eine Längsspaltung der Tochterchromosomen und Zuweisung ihrer Längshälften an die Enkelkerne erzielen, doch zugleich eine Verdoppelung der Chromosomenzahl zur Folge haben. Letztere ist aber nicht zulässig, da die entstandene Generation dazu bestimmt ist, einfachchromosomige Geschlechtsprodukte zu erzeugen.

In den Teilungsvorgang tierischer Kerne und Zellen greifen Gebilde ein, die man Centrosomen nennt, und welche individualisierte Wirkungszentren der Zelle darstellen. Ihre Entdeckung verdanken wir THEODOR BOVERI und EDUARD VAN BENEDEN. Diese Körper bewegen sich zu Beginn eines jeden Teilungsvorgangs an die Kernpole und werden dort von Strahlungen des angrenzenden Zellplasmas umgeben. Sie stellen dann den Mittelpunkt von Sonnen dar, die besonders in tierischen Eiern oft so kräftig ausgebildet sind, daß sie selbst im lebenden Zustande auffallen. Gewissen Pflanzen aus den unteren Abteilungen des Systems (Fig. 28) kommen sie auch zu (Fig. 29—31), während sie in den Zellen höher organisierter Gewächse nicht mehr

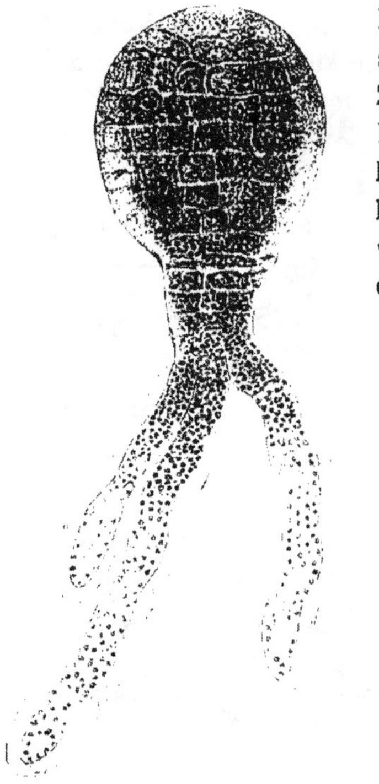

Fig. 28. Keimpflanze des an der Nordseeküste allgemein verbreiteten braunen Tanges (Fucus serratus). Vergr. 300.

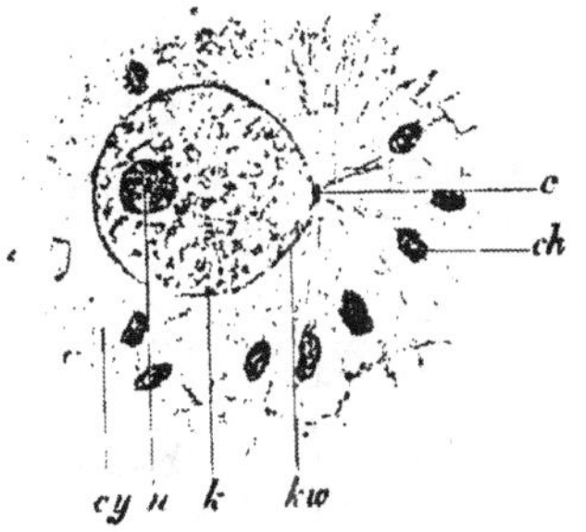

Fig. 29. Ein Kern *k* und das umgebende Zellplasma *cy* aus der Zelle einer Keimpflanze von Fucus serratus. Am Kern seitlich ist das von Zellplasmastrahlen umgebene Centrosom *c* zu sehen. Im Kern das Kernkörperchen *n*; die Kernwandung ist mit *kw* bezeichnet, außerdem mit *ch* die Farbkörper, denen dieser Tang seine braune Färbung verdankt. Vergr. etwa 1000.

ausgebildet werden. Das der Grund, weshalb sie in den beigefügten pflanzlichen Bildern (Fig. 22, 25) fehlen.

Zu den schwerwiegenden Gründen, die bereits erörtert wurden und die nicht nur für eine Verschiedenheit der einzelnen Chromosomen eines Kerns, sondern auch seiner aneinander grenzenden

Teile sprechen, kommen nunmehr auch alle die überwältigenden Tatsachen hinzu, die uns neuerdings die Vererbungsstudien brachten. Für letztere erwächst umgekehrt ein nicht minder wichtiges materielles Substrat der Erkenntnis aus dem tieferen Einblick, den wir in den Vorgang der Reduktionsteilung gewonnen haben.

Wir wollen jene Erscheinungen der Merkmalspaltung bei Hybriden, die sich an Mendels Namen knüpfen, an dem bekannten Beispiele der Erbsenmischlinge uns vorführen.

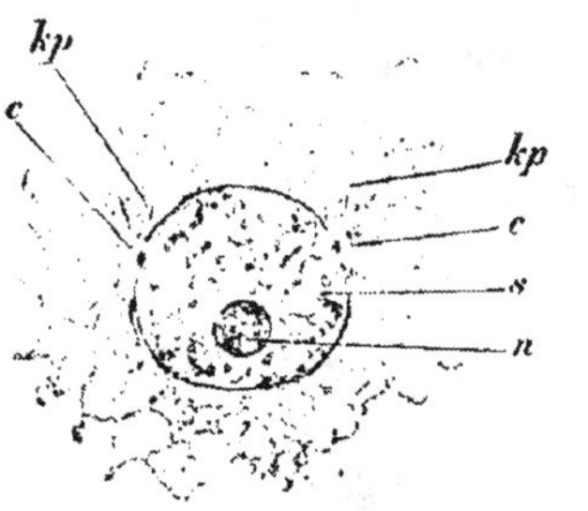

Fig. 30.

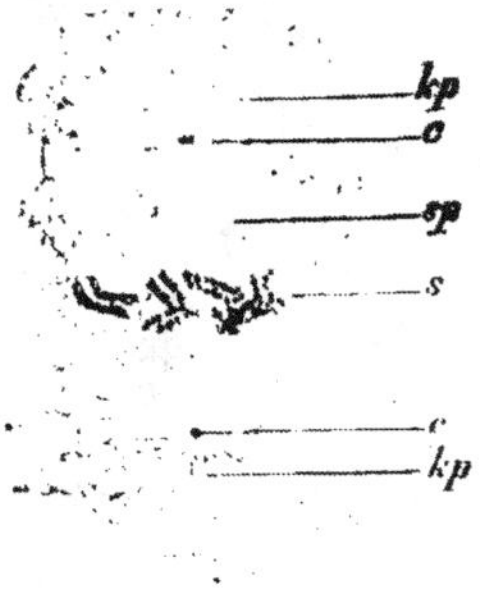

Fig. 31.

Fig. 30. Ein sich zur Teilung anschickender Kern aus der Zelle einer Keimpflanze von Fucus serratus mit sich sondernden Chromosomen *s* und dem Kernkörperchen *n*. An seiner Oberfläche zwei von Strahlen des Zellplasma umgebene Centrosomen *c*, die ihre Entstehung dem einen Centrosom der Fig. 29 verdanken und auf der Wanderung nach den zu bildenden Kernpolen begriffen sind. Vergr. etwa 1000.

Fig. 31. Eine Kernspindel aus der Zelle einer Keimpflanze von Fucus serratus. An den Polen der Spindel die Centrosomen *c* mit umgebender Strahlung des Zellplasma *kp*. *sp* die Spindelfasern. *s* Die Kernplatte von längsgespaltenen Chromosomen gebildet. Vergr. etwa 1000.

Wenn man eine Erbsenrasse, welche gelbe Keime in ihren Samen führt, mit einer anderen Erbsenrasse kreuzt, der grüne Keime zukommen, so gehen aus der Mischung ausschließlich Pflanzen mit gelbkeimigen Samen hervor. Diese Erscheinung ist auffällig, da doch in den Körperzellen des Hybriden die Chromosomen beider Eltern vertreten sind. Jedes Chromosom ist 2mal da, in einem von dem Vater und einem von der Mutter stammenden Abkömmling. Wenn das von einem der beiden Eltern stammende Merkmal der gelben Keime in dem Samen des Mischlings allein zur Geltung kommt, so ist es, weil dieses Merkmal dominiert und das andere an seiner Aeußerung hindert.

Bei der Reduktionsteilung in den Gonotokonten der Hybriden werden, wie wir nunmehr wissen, die väterlichen und mütterlichen Chromosomen voneinander getrennt. Dabei kann, wie wir ebenfalls schon erfahren haben, jedes dieser Chromosomen den Weg nach dem einen oder dem anderen Pol einschlagen. In den Tochterkernen, die so entstehen, finden sich daher alle möglichen Kombinationen väterlicher und mütterlicher Chromosomen vor.

Die Erbsen führen in den Kernen ihres Körpers 12 Chromosomen. Dem Mutterkern des Gonotokonten stehen somit 6 Chromosomenpaare zur Verfügung. Er versorgt seine beiden Tochterkerne mit je 6 Chromosomen. Diese sind zum Teil väterlichen, zum Teil mütterlichen Ursprungs, in jedem nur denkbaren Verhältnis.

Auf die Reduktionsteilung folgen in den Gametophyten bis zur Bildung der Geschlechtsprodukte nur noch Aequationsteilungen, welche gleiche Teilungsprodukte liefern und somit die vorhandenen Zustände nicht mehr ändern. Als Gonotokonten der Erbse treten uns, wie bei jeder anderen phanerogamen Pflanze, die Pollenmutterzellen und die Embryosackmutterzellen entgegen. Erstere finden wir in den Fächern der Staubblätter, letztere in den Samenanlagen vor (vergl. die Figg. 16—19). Der zweite Teilungsschritt liefert in den Pollenmutterzellen die Pollenkörner (Fig. 17, 25), in den Embryosackmutterzellen den Embryosack. Das Pollenkorn teilt sich noch einmal in eine „vegetative“ und eine „generative“ Zelle (Fig. 18 links), und letztere erzeugt weiter durch Teilung 2 Spermakerne (Fig. 18 rechts). Das geschieht aber erst im Pollenschlauch, wenn das Pollenkorn auf die Narbe des Fruchtknotens gelangt ist und seinen Schlauch tief in das Griffelgewebe getrieben hat. In dem Embryosack entstehen durch Teilung des ersten Kerns und seiner Nachkommen 8 Kerne, von denen 4 sich im oberen und 4 im unteren Ende der länglichen Zelle befinden. Um 3 der oberen Kerne werden Zellen abgegrenzt, die den Eiapparat bilden (Fig. 32), um 3 der unteren solche, die man Gegenfüßlerinnen nennt. 2 frei-

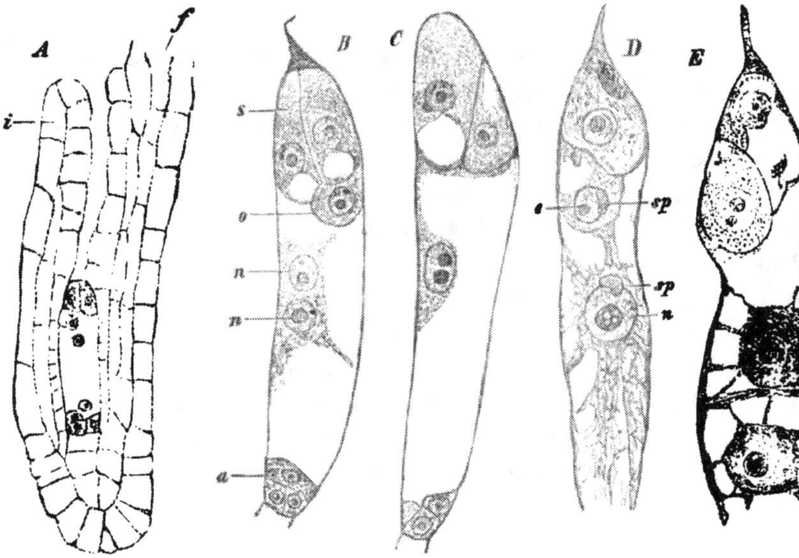

Fig. 32. Aus dem Fruchtknoten des Fichtenspargels (Monotropa Hypopitys) befreite Samenanlagen. Diese blaßgelbe, in dem Humus unserer Wälder lebende Pflanze hat durchscheinende Samenanlagen, die, wenn man sie aus dem Fruchtknoten befreit, ohne weitere Behandlung Einblick in ihr Inneres gewähren. In *A* ist bei 240maliger Vergrößerung eine ganze, noch unbefruchtete Samenanlage dargestellt. Ihr Embryosack hat den Knospenkern (Nucellus) ganz verdrängt und wird unmittelbar von der einen Hülle (Integument) *i* umgeben; *f* das Stielchen (Funiculus), welches die Samenanlage im Fruchtknoten befestigt. Im Embryosack oben die drei Zellen des Eiapparats, unten die drei Gegenfüßlerinnen, oben und unten je ein freier Kern in der Embryosackhöhle. In den anderen, 600mal vergrößerten Figuren ist nur der Embryosack dargestellt, die übrigen Teile der Samenanlage sind weggelassen. In *B* im Eiapparat *o* das Ei, *s* die beiden Gehilfinnen oder Synergiden; unten die drei Gegenfüßlerinnen oder Antipoden *a*. Die beiden freien Kerne (Polkerne) *n* einander genähert. In *C* die beiden Polkerne schon zum sekundären Embryosackkern verschmolzen. Der Eiapparat liegt in diesem Bild so, daß die eine Synergide die andere deckt. In *D* ist oben am Embryosack das zerdrückte Ende des Pollenschlauches zu sehen; es findet die Befruchtung statt. Der dichtere Spermakern *sp* verschmilzt mit dem Eikern *e*, der zweite Spermakern *sp* mit dem sekundären Embryosackkern *n*. In *E* der Spermakern mit dem Eikern zu einem Kern vereinigt; das kleinere Kernkörperchen im Keimkern stammt vom Spermakern. Der aus der Verschmelzung des zweiten Spermakerns mit dem sekundären Embryosackkern hervorgegangene „Endospermkern“ hat sich geteilt und daraufhin die Embryosackhöhle auch in zwei Zellen zerlegt. In diesem Falle erfolgt die Bildung des für die Ernährung des Keims bestimmten Gewebes, des Endosperms, durch fortgesetzte Zellteilung, während in anderen Fällen die Endospermkerne sich, zunächst ohne Zellteilung, vermehren und erst später die zahlreichen Scheidewände zu gleicher Zeit zwischen ihnen auftreten.

gebliebene Kerne fallen der Embryosackhöhle zu. Innerhalb dieser wandern sie aufeinander zu (Fig. 32, *B*) und verschmelzen (Fig. 32, *C*), um den sekundären Embryosackkern zu bilden. Auf dies alles mußte ich zurückkommen, damit uns die ganze Sachlage gegenwärtig sei.

Ist der Pollenschlauch bis zum Embryosackscheitel gelangt, so trifft er dort zuerst auf die Gehilfinnen, 2 Zellen, die zusammen mit dem Ei den Eiapparat bilden (Fig. 32, *B* u. *C*). Die Gehilfinnen spielen eine vermittelnde Rolle bei der Befruchtung. Sie erleichtern dem Pollenschlauch das Vordringen bis zum Ei und seinen Spermakernen den Eintritt in die Embryosackhöhle. Der eine Spermakern sucht den Kern des Eies auf und vereinigt sich mit ihm (Fig. 32, *D* u. *E*); der andere verschmilzt mit dem sekundären Embryosackkern (Fig. 32, *D* u. *E*). Der erste Vorgang bewirkt die Befruchtung des Eies; er erzeugt den Keimkern, den ersten Kern des auf doppelte Chromosomenzahl eingerichteten Sporophyten. Die Vereinigung des zweiten Spermakerns mit dem bereits doppeltchromosomigen sekundären Embryosackkern ist ein Vorgang eigener Art, der bei den angiospermen Phanerogamen die Gewebsbildung in der Embryosackhöhle (Fig. 32, *E*) anregt. Gelangen keine Spermakerne in eine Samenanlage, so unterbleibt somit in dieser nicht nur die Keimbildung, sondern auch die Anlage des Gewebes, das zur Ernährung des Keims bestimmt ist, und die Pflanze spart eine überflüssige Substanzausgabe.

GREGOR MENDEL hatte aus dem Verhalten seiner Hybriden bereits den Schluß gezogen, daß eine Spaltung der Merkmale der Bildung der Geschlechtsprodukte vorausgehen müsse.

Werden nämlich jene hybriden Erbsen, die aus der gelb- und grünkeimigen Rasse hervorgingen, und die nur gelbe Keime produzieren, untereinander bestäubt, so erzeugen sie Nachkommen, die zu 75 Proz. gelbkeimig, zu 25 Proz. grünkeimig sind. Die grünen Keime kommen somit in den Nachkommen wieder zum Vorschein und liefern damit den Beweis, daß die Erbeinheiten, welche die grüne Keimbildung bedingen, in den hybriden Eltern tatsächlich fortbestanden und sich nur nicht äußern konnten.

Daß sie aber in den Nachkommen zum Vorschein kommen, kann nur durch eine Merkmalspaltung bedingt sein. Diese Spaltung muß zur Hälfte Geschlechtsprodukte mit dem Merkmal gelb und zur Hälfte solche mit dem Merkmal grün ergeben haben (vergl. das schematische Bild, Fig. 33). Denn die Befruchtung dieser Geschlechtsprodukte untereinander liefert bei hinreichender Häufung der Versuche Ergebnisse, die eine gleiche Zahl der beiden Geschlechtsprodukte verlangen. Dann kommen in je 100 Fällen 50mal Spermakern und Eikern von übereinstimmender und 50mal von

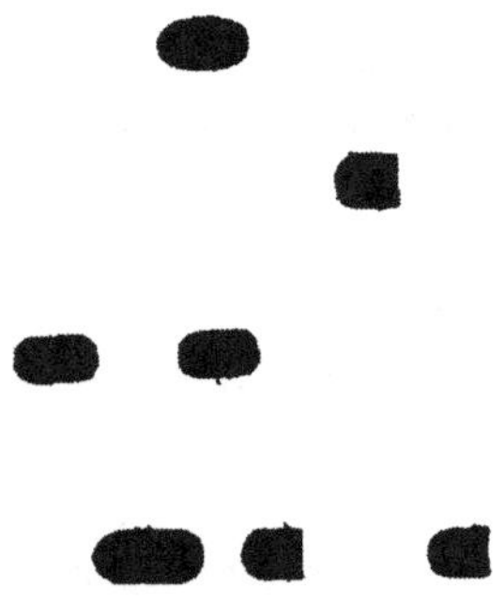

Fig. 33. Schema der Kreuzung der grünkeimigen mit der gelbkeimigen Erbsenrasse. Der Hybride in der zweiten Reihe ist gelb-grün gehalten, da beide Anlagen in ihm vertreten sind, wenn auch das Gelb dominiert. Die Geschlechtsprodukte in der dritten Reihe zur Hälfte grün, zur Hälfte gelb. Die Produkte der Vereinigung in der vierten Reihe grün, gelb oder gelb-grün, wobei überall, wo gelb in der Verbindung vertreten ist, dieses über den Ausfall „gelb" entscheidet.

entgegengesetzter Disposition zusammen. Die Vereinigung der ungleichen Merkmale gelb und grün wird nur gelbkeimige Nachkommen liefern, da gelb dominiert, bei der Begegnung gleicher Merkmale muß es sich bei hoher Versuchszahl ebenso oft fügen, daß gelb auf gelb als auch daß grün auf grün trifft. Gelb mit gelb wird gelbkeimige, grün mit grün grünkeimige Individuen ergeben. Auf 100 bezogen, stellt sich auch tatsächlich ein Resultat 50 + 25 gelbkeimige und 25 grünkeimige Nachkommen ein. Das unterdrückte Merkmal, das erst nach der Abspaltung vom dominierenden sich Geltung zu verschaffen vermag, wird als recessives bezeichnet. Mit Benutzung der Anfangsbuchstaben D und R läßt sich das wirklich erfolgende Zusammentreffen der Geschlechtsprodukte nach vollzogener Merkmalspaltung durch die Formel: 1 DD + 2 DR + 1 RR ausdrücken, die, so wie unser beigefügtes Schema, ohne weiteres das Verhältnis des dominierenden Merkmals zu dem recessiven, wie 3 zu 1, ersichtlich macht.

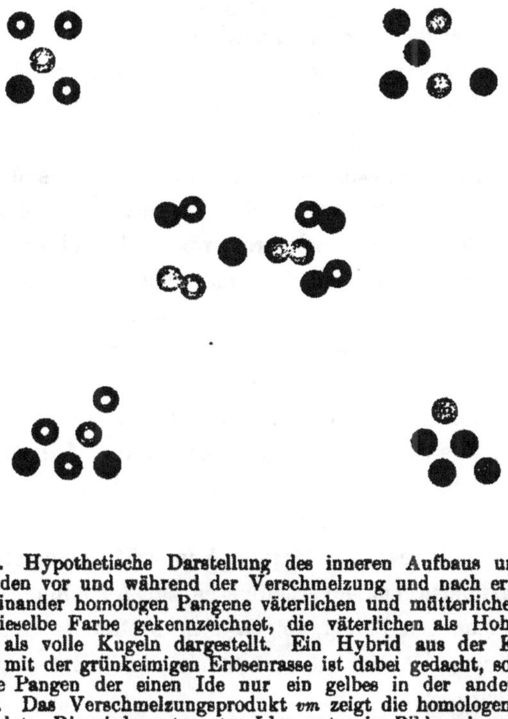

Fig. 34. Hypothetische Darstellung des inneren Aufbaus und des Verhaltens der Iden vor und während der Verschmelzung und nach erfolgter Trennung. Die einander homologen Pangene väterlichen und mütterlichen Ursprungs sind durch dieselbe Farbe gekennzeichnet, die väterlichen als Hohlkugeln, die mütterlichen als volle Kugeln dargestellt. Ein Hybrid aus der Kreuzung der gelbkeimigen mit der grünkeimigen Erbsenrasse ist dabei gedacht, so daß für das grüngehaltene Pangen der einen Ide nur ein gelbes in der anderen zur Verfügung steht. Das Verschmelzungsprodukt *vm* zeigt die homologen Pangene zu Paaren vereinigt. Die wieder getrennten Iden unten im Bilde zeigen eine Pangenkombination, wie sie sich dadurch ergeben kann, daß die homologen Pangene bei ihrer Trennung sowohl nach der einen, wie nach der anderen Ide zu wandern vermögen.

Besonders lehrreich werden diese Vorgänge, wenn mehr als ein Merkmalpaar der Hybriden bei der Reduktionsteilung der Spaltung unterliegt. Dann kann aus dem Verhalten der Nachkommen sich ergeben, daß jedes Merkmalpaar unabhängig von den anderen seine Spaltung in den Gonotokonten vollzog. So verhält es sich mit den distinkten Merkmalpaaren gelb-grün und glatt-runzelig, wenn man eine Erbsenrasse, die gelbe und runzelige Samen besitzt, mit einer solchen kreuzt, der grüne und glatte Samen zukommen. Gelb und glatt erweisen sich in den Hybriden als dominierende Merkmale, grün und runzelig als recessive. Die Kreuzungsprodukte weisen daher zunächst nur gelbe glatte Samen auf. Nun spalten die Merkmalpaare gelb-grün, glatt-runzelig unabhängig voneinander in den Gonotokonten, so daß sowohl gelb und glatt als auch gelb und runzelig, grün und glatt oder grün und runzelig in den Tochterkernen zusammentreffen. Die zweite Generation weist demgemäß viererlei Samen auf, nämlich gelb-glatte, gelb-runzelige, grün-glatte und grün-runzelige in einem Zahlenverhältnis, wie es das Dominieren von gelb und von glatt verlangt. Als Beispiel für drei unabhängig spaltende Merkmalpaare lassen sich Erich Tschermaks Hybriden bestimmter Gerstenrassen anführen. Kreuzt man eine zweizeilige, begrannte, kurzährige Gerste mit einer vierzeiligen, kapuzentragenden, langährigen, so erweisen sich die Merkmale Zweizeiligkeit, Kapuze und kurze Aehrenform als dominierend, Vierzeiligkeit, Begrannung, Langährigkeit als recessiv. In den Kreuzungsprodukten kommen nur die dominierenden Merkmale zur Geltung, nach erfolgter Spaltung gelangen dominierende und recessive Merkmale in acht Kombinationen und den zu erwartenden Zahlenverhältnissen zur Ausbildung.

In manchen Fällen zeigen sich bestimmte Merkmale miteinander verkoppelt, sie fallen nach erfolgter Spaltung stets demselben Tochterkern zu.

Wir wollen nunmehr sehen, welche materielle Grundlage sich für diese Erfahrungen der Züchter an dem Substrat unserer Beobachtungen gewinnen läßt.

Lassen, so können wir uns zunächst fragen, solche Spaltungen von Merkmalpaaren, wie wir sie bei den Erbsenrassen kennen lernten, die Möglichkeit zu, daß die Chromosomen in jedem ihrer Geschlechtskerne untereinander gleichwertig seien?

Es ließe sich ja denken, daß in den Geschlechtsprodukten der gelbkeimigen Rasse die sämtlichen sechs Chromosomen die Anlage für gelb, in jenen der grünkeimigen die Anlage für grün enthielten. Wenn das der Fall wäre, so könnte schwerlich in den Nachkommen der Hybriden das Verhältnis der dominierenden Merkmale zu den recessiven so genau in dem Verhältnis von 1:3 sich einstellen. Denn bei der Trennung der zu sechs Paaren vereinigten väterlichen und mütterlichen Chromosomen in den Gonotokonten des Hybriden würde es nach der Wahrscheinlichkeitsrechnung sich jedes vierte Mal ereignen, daß die beiden Tochterkerne die gleiche Zahl väterlicher und mütterlicher Chromosomen vom Mutterkern erhalten. Durch die drei mit dem dominierenden Merkmal ausgestatteten Chromosomen würden die drei das recessive führende in der Aeußerung dieses Merkmals verhindert werden, was eine Verschiebung des Ausfalls zu Gunsten des dominierenden Merkmals um 25 Proz. zur Folge hätte. Da nun aber aus hinreichend hohen Versuchszahlen sich stets genau 75 Proz. dominierender auf 25 Proz. recessiver Nachkommen ergeben, so können die beiden Vertreter des in Betracht kommenden Merkmalpaares nur in e i n e m Chromosomenpaar des Mutterkerns des Gonotokonten vertreten gewesen sein und nach der Trennung nur in einem einzigen Chromosom der beiden Tochterkerne sich befinden. Aus dem strengen Einhalten der Spaltungszahl bei den Nachkommen muß daher bestimmt auf die Ungleichwertigkeit der einzelnen Chromosomen der Geschlechtskerne geschlossen werden.

Wie steht es aber weiter um die Gleichwertigkeit oder Ungleichwertigkeit der Bestandteile jedes einzelnen Chromosoms? Wollte man ein ganzes Chromosom für das Merkmal gelb oder grün der Erbsensamen in Anspruch nehmen, so würde man ein anderes für ihre glatte oder runzelige Oberfläche benötigen, da diese beiden Merkmalpaare sich unabhängig voneinander zeigen und ihre Komponenten in dieselben oder auch verschiedene Tochterkerne gelangen können. Wie käme man aber bei solcher Voraussetzung mit der geringen Zahl der Chromosomen, wie sie einer Erbsenpflanze zukommen, aus. Können doch im besten Falle solche Eigenschaften, wie gelb oder glatt, wie grün oder runzelig, der Samen nur einen Bruchteil aller Merkmale einer Pflanze ausmachen.

Wir sehen uns somit veranlaßt, nicht nur anzunehmen, daß ganze Chromosomen eines jeden Kerns untereinander qualitativ verschieden sind, sondern daß auch jedes Chromosom aus verschiedenartigen Teilen besteht.

Daß wir die Chromosomen keinenfalls als letzte Erbeinheiten auffassen dürfen, lehren uns in überzeugender Weise auch jene Pflanzen, die trotz nächster Verwandtschaft eine verschiedene Zahl von Chromosomen führen. Das rundblättrige Sonnentaupflänzchen (Drosera rotundifolia) unserer Moore verfügt über nur halbsoviel Chromosomen als der seltenere, ihm sehr ähnliche langblättrige Sonnentau (Drosera longifolia). Die Chromosomen des rundblättrigen Sonnentaus sind größer und entsprechen augenscheinlich je zwei Chromosomen der anderen Art. So hat auch unser Feldampfer (Rumex acetosella) doppelt soviel Chromosomen wie der Sauerampfer (Rumex acetosa) aufzuweisen.

Für die Verschiedenheit der Bestandteile eines Chromosoms vermögen wir den Teilungsbildern pflanzlicher Zellkerne keine entscheidenden Anknüpfungspunkte abzugewinnen, wohl aber treten uns auf bestimmten Teilungszuständen gesonderte Gebilde in jedem Chromosom entgegen, die wir sehr wohl mit verschiedenen Eigenschaften ausgestattet uns vorstellen dürfen. Ja, viele der bei Kernteilungen, vor allem bei der Reduktionsteilung sich abspielenden Vorgänge werden uns nur verständlich, wenn wir uns auf den Standpunkt stellen, daß die an ihnen beteiligten Einheiten untereinander nicht übereinstimmen. Die Verteilung der Iden auf fein ausgesponnene Chromosomen in postsynaptischen Stadien der Reduktionsteilung, die hierauf folgende Verschmelzung der gegenüberliegenden Iden zweier entsprechender Fäden und ihre Wiedertrennung in nachfolgenden Stadien, zwingt den Gedanken auf, daß es sich um Erscheinungen handelt, die der materielle

Ausdruck der Vorgänge sind, wie sie in den Erscheinungen der Vererbung sich uns offenbaren.

Eine Ide ist, wie wir sahen, nicht das letzte der im Kern festzustellenden Strukturelemente, sie geht aus der Vereinigung kleinerer Gebilde hervor. Wie viele Erbeinheiten, somit Pangene, sie einschließt, entzieht sich dem Urteil, doch dürfte deren Zahl nicht zu gering sein. Nach erfolgter Verschmelzung der homologen Iden väterlichen und mütterlichen Ursprungs im Reduktionskern werden, so läßt sich annehmen, die einander homologen Pangene in diesem Kopulationsprodukt Paare bilden (vergl. das Schema Fig. 34). Wie viel väterliche und mütterliche Pangene bei ihrer darauffolgenden Trennung wieder an ihr Ursprungschromosom zurückkehren, läßt sich nicht ermessen, doch stelle ich mir vor, daß auch ihre Trennung, sowie jene der ganzen Chromosomen auf einem späteren Stadium, sowohl in der einen wie in der anderen Richtung erfolgen kann (Fig. 34). Für diese Annahme finde ich eine Stütze in dem Verhalten der unabhängig voneinander spaltenden Merkmalpaare der Rassenhybriden. Dort erwachsen uns aus der Verschiedenheit der beiden Komponenten einzelner Merkmalpaare Anknüpfungspunkte für die Beurteilung ihres Verhaltens. Dieses lehrt aber, daß die Trennung in jedem Paare nach beiden Richtungen hin erfolgen kann.

Hieraus wäre aber weiter zu schließen, daß den nach zeitweiliger Verschmelzung sich wieder voneinander trennenden Chromosomen ein gemischter Charakter bereits zufällt. Sie sind nicht intakt wiederhergestellt worden. Sie entsprechen den zuvorigen Chromosomen in der Zahl der Pangene und, was das wichtigste ist, auch darin, daß jede Pangenart in ihnen einmal vertreten ist, doch sind nicht alle Pangene des früheren Ursprungs (Fig. 34). Da nun weiter, wie wir schon sahen, auch die Verteilung der einstigen väterlichen und mütterlichen Chromosomen auf die Tochterkerne des Gonotokonten sich nach Belieben vollzieht, so ist es klar, daß die Mannigfaltigkeit der Kombinationen sehr groß sein muß, welche diese in Hinsicht auf den Ursprung ihrer Pangene aufweisen.

In den Gonotokonten eines Hybriden der gelb- und grünkeimigen Erbsenrasse wird bei der Verschmelzung der Iden das mit der Anlage für gelb ausgestattete Pangen nur das auf grün gestimmte zur Vereinigung vorfinden (Fig. 34), daß beide sich trotzdem als homolog herausfinden, d. h. zu einem Paar zusammentreten, kann wohl nur dadurch bedingt sein, daß ihnen außer dem Merkmal gelb und grün auch noch andere Fähigkeiten zukommen. Es erscheint überhaupt kaum denkbar, daß zur Auslösung von gelb oder grün im Keim, ein besonderes Pangen dienen sollte, man darf vielmehr als wahrscheinlicher annehmen, daß jedes Pangen im Laufe der Entwicklung, entsprechend den sich einstellenden Bedingungen und Wechselbeziehungen, verschiedene Vorgänge auszulösen hat, darunter schließlich im vorliegenden Falle auch jenes gelb oder grün im Samen.

Es ist von W. Pfeffer vor längerem schon für bestimmte Fälle nachgewiesen worden, daß eine chemotaktische Anziehung zwischen den Geschlechtsprodukten besteht. Sie beruht auf der Wirkung von Stoffen, die von den Geschlechtsprodukten ausgeschieden werden und ihre Bewegungsrichtung bestimmen. Man könnte sich die Frage vorlegen, ob nicht ähnliche Ursachen auch die Kerne der Geschlechtsprodukte veranlassen, sich einander zu nähern, ob sie nicht dann bei der Reduktionsteilung die homologen Chromosomen, die homologen Iden und endlich die homologen Pangene innerhalb der verschmolzenen Iden zusammenführen. Man gelangt auf solchem Wege freilich zu einer fast endlos erscheinenden Mannigfaltigkeit wirksamer Stoffe, da sie für jede Pangenart etwas anderes sein müßten. Doch stellt die Vorstellung, daß jedes Pangen sich von dem anderen unterscheide, an unsere Einbildungskraft auch nicht geringere Ansprüche. Und selbst, wenn wir bis auf die hypothetischen Pangene nicht zurückgreifen wollen, ihrer Annahme sogar die Berechtigung absprechen, so bleibt uns doch nichts übrig, als zum mindesten ebensoviel verschiedene Protoplasmen anzunehmen, als es Arten, ja streng genommen, sogar als es Individuen gibt. Zudem mußten wir auf dem Gebiete der Bakterienforschung uns neuerdings auch zu der Annahme bequemen, daß jeder Bakterienart ein spezifisches Toxin zur Verfügung steht, und daß diesen Toxinen ebensoviele Antitoxine gegenüberstehen.

Jetzt, wo wir wissen, wie es während der Teilungsvorgänge in den Kernen der Körperzellen zugeht und wie die Reduktionsteilung in den Gonotokonten verläuft, kann uns die Unfruchtbarkeit vieler Bastarde nicht mehr überraschen. Im allgemeinen läßt sich behaupten, daß ein Bastard um so geringere Aussicht hat, wirksame Geschlechtsprodukte zu erzeugen, je weniger seine Eltern miteinander verwandt sind. Nach der Vereinigung des Spermakerns mit dem Eikern im Ei des befruchteten Wesens bestehen die väterlichen und mütterlichen Chromosomen als solche im Keimkern fort. Sie führen dann auch weiter bei jedem Teilungsschritt selbständig ihre Längsspaltungen aus und versorgen mit ihren Längshälften die Tochterkerne. War die Affinität der beiden Pflanzen ausreichend, um das Vordringen des Spermakerns bis in das Ei und dort seine Vereinigung mit dem Eikern zu ermöglichen, so bereiten die Vorgänge der Kernteilung, die weiter folgen, keine Hindernisse für die Fortentwicklung. Das wird anders im Mutterkern der Gonotokonten, wenn die Chromosomen verschmelzen und die homologen Pangene sich zusammenfinden sollen. Da stellen, bei mangelnder Uebereinstimmung der Komponenten, sich Hindernisse ein, die vielfach nicht überwunden werden können. Freilich muß hinzugefügt werden, daß jene Störungen, wenn auch die häufigsten, so doch nicht die einzigen Ursachen der Sterilität von Bastarden darstellen. Denn vielfach sind es Umstände sekundärer Art, welche die normale Ausbildung der im Dienste der Fortpflanzung stehenden Organe schon vor Anlage der Gonotokonten und Eintritt der Reduktionsteilung oder auch erst auf nachfolgenden Entwicklungszuständen unmöglich machen. Dem würde es auch auf naheverwandtem Gebiete entsprechen, wenn die Befruchtung einer Pflanze durch eine andere, nicht infolge mangelnder Affinität, sondern durch nebensächliche Einflüsse verhindert wird. Es vermögen beispielsweise die Pollenkörner der einen Pflanze öfters nicht auf der Narbe der anderen zu keimen, weil dort bestimmte Stoffe diese Keimung hemmen; oder ihre Pollenschläuche können dort aus irgend welchem Grunde nicht bis zum Ei gelangen. Daher es vorkommen kann, daß die Befruchtung einer Pflanze durch die andere, nicht aber der letzteren durch die erstere möglich sei.

In der diploidischen, das heißt doppeltchromosomigen Generation, die ihren Ursprung im Befruchtungsvorgang nimmt, ist jedes Chromosom zweimal da. Demgemäß ist auch jedes Pangen zweimal vorhanden, die Merkmale der Species durch die Pangene somit doppelt vertreten. Das einmalige Vorhandensein jedes Pangens müßte für die Auslösung aller Merkmale der Species genügen, wie sie ja in den Geschlechtsprodukten tatsächlich nur einmal vorhanden sind. Schon 1887 war es den Gebrüdern Hertwig gelungen, kernlose Fragmente von Seeigeleiern durch Schütteln dieser Eier zu erhalten und ihre Furchung nach Aufnahme von Samenfäden zu beobachten. Theodor Boveri vermochte dann 1889 auf demselben Wege normal aussehende, nur kleinere Seeigellarven zu erzielen. Mit einem einzigen Kern, dem Spermakern, ausgestattet, waren somit diese Eistücke in eine Entwicklung getreten, welche allen spezifischen Anforderungen der Species entsprach. Es reichte also die Einzahl der Chromosomen aus, um in einer auf doppelte Chromosomenzahl eingerichteten Generation alle spezifischen Merkmale auszulösen. Doch waren alle Zellen solcher Larven auf halbe Größe eingeschränkt und ihre auf die halbe Chromosomenzahl beschränkten Kerne entsprechend kleiner. Einer doppelten Chromosomenzahl kommt somit eine doppelt so große Wirkungssphäre zu. Demgemäß vermeiden es die meisten Wesen, vor allen, soweit bekannt ist, die Pflanzen, ihre diploidische Generation haploidisch einzurichten. Bei solchen Gewächsen, wie etwa unseren Alchimillen (Frauenmantel), die es vermögen, aus einem unbefruchteten Ei die neue Generation zu erzeugen, unterbleibt zuvor die Reduktionsteilung. Eine jungfräuliche (parthenogenetische) Weiterentwicklung des Eies liegt bei ihnen somit, streng genommen, nicht vor, denn infolge der Ausschaltung der Reduktionsteilung verfügt ihr Ei über die doppelte Chromosomenzahl. Da die Reduktionsteilung es ist, welche die neue, haploidische Generation einleitet, eine solche Teilung aber nicht stattfand, so unterblieb in Wirklichkeit bei solchen Pflanzen der Generationswechsel und stellt das doppeltchromosomige Ei nur eine Zelle der vorhergehenden diploidischen Generation, die eine eiartige Ausbildung erlangte, vor. — Bei echter jungfräulicher Keimentwicklung aus einfachchromosomigen Eiern scheint in bestimmten Fällen die Verdoppelung der Chromosomenzahl, die der Keim verlangt, dadurch erreicht zu werden, daß der Teilung des unbefruchteten Eikerns eine Zellteilung nicht folgt, die beiden Schwesterkerne vielmehr sich einander nähern und zu einem doppeltchromosomigen Kern verschmelzen. In anderen Fällen soll dem Eikern ein anderer einfachchromosomiger Kern aus einer benachbarten Zelle zugeführt und so die Verdopplung der Chromosomenzahl vollzogen werden.

Die an den spaltenden Merkmalpaaren der Hybriden gewonnenen Ergebnisse regten die Vorstellung an, es könnten vielleicht auch die über das Geschlecht getrenntgeschlechtlicher Organismen bestimmenden gegensätzlichen Merkmale während der Reduktionsteilung Paare bilden und dann bei ihrer Trennung nur dem einen oder dem anderen der beiden Chromosomen zufallen. Diese Vorstellung stellte sich als nicht zulässig heraus, da, wie seitdem CORRENS besonders betonte, die Anwendung der MENDELschen Spaltungsregeln auf die Geschlechtsbildung zu den Zahlenverhältnissen nicht paßt, in welchen die Geschlechter auftreten.

Durch welche stofflichen Einheiten die geschlechtlichen Merkmale der Organismen ausgelöst werden, darüber vermögen uns die Vorgänge der Reduktionsteilung ebenso wenig wie über die Träger sonstiger anderer Merkmale zu belehren. Immerhin könnte man aus jener merkwürdigen Angabe von TH. BOVERI, daß bei dem Pferdespulwurm (Ascaris) während der Eifurchung bestimmte Abschnitte der Chromosomen aus den für den Körperaufbau bestimmten Kernen beseitigt werden und nur der die Geschlechtsprodukte späterhin liefernden Keimbahn verbleiben, auf eine bestimmte Beziehung dieser Abschnitte zu den spezifisch geschlechtlichen Bildungsvorgängen schließen.

Als sicher muß andererseits, meiner Ansicht nach, gelten, daß in den zur Reduktionsteilung schreitenden Kernen die sämtlichen der Species zukommenden Pangene vertreten sind, somit auch die, an welche bei getrenntgeschlechtlichen Organismen die Merkmale der beiden gegensätzlichen Geschlechter gebunden sind. Ebenso bestimmt nehme ich die volle Zahl dieser Pangene in den Geschlechtsprodukten an, da sonst ausgeschlossen wäre, daß die Merkmale des entgegengesetzten Geschlechts sich, wie das bei verschiedenen getrenntgeschlechtlichen Tieren und Pflanzen möglich ist, plötzlich einstellen. Durch den in den Staubblättern bestimmter Nelken (Caryophyllaceen) seine Sporen bildenden Brandpilz (Ustilago violacea) wird in weiblichen Individuen der beiden Nelkenarten Melandrium album und rubrum die Bildung der männlichen Geschlechtsorgane veranlaßt. Alfred Giard stellte die Fälle zusammen, wo auch bei Tieren durch den Einfluß von Parasiten auf den Geschlechtsapparat das Auftreten der wesentlichen und der begleitenden Merkmale des entgegengesetzten Geschlechts, zugleich auch eine Umkehrung des geschlechtlichen Instinktes veranlaßt wird. Eine ähnliche Wirkung kann bis zu einem bestimmten Grade auch künstlich vorgenommene Kastration bei verschiedenen Tieren ausüben. Bei getrenntgeschlechtlichen Nadelhölzern, Palmen, Weiden, dem in Gärten kultivierten Ruscus aculeatus, der die Bäume bewohnenden Mistel, bei Hanf und Bingelkraut (Mercurialis) können plötzlich einzelne Vegetationspunkte Sprosse des entgegengesetzten Geschlechts erzeugen, während der Versuchsansteller sich vergeblich abmüht, willkürlich diese Aenderung hervorzurufen. Die feinen Fäden des Brandpilzes dringen eben bis zwischen die jüngsten Zellen der Vegetationspunkte der Nelken vor und beeinflussen dort direkt die embryonalen Kerne, was dem

Experimentator in seinen Versuchen nicht gelingt. Bei spontaner Geschlechtsänderung an den Vegetationspunkten von Pflanzen sind es innere unbekannte Ursachen, welche die Auslösung des entgegengesetzten Geschlechts in den embryonalen Kernen bewirken. Damit solche Auslösungen möglich seien, müssen aber die Anlagen für beide Geschlechter in diesen embryonalen Kernen vertreten sein, wenn auch die einen dominieren und die anderen an ihrer Aeußerung hindern.

Es darf also keinesfalls angenommen werden, daß die Pangene gegensätzlicher Geschlechtsmerkmale etwa so miteinander gepaart sein könnten, wie es für die Anlagen, die gelbe und grüne Keime in den Samen der Erbsenbastarde auslösen, gefolgert werden müßte. Vielmehr dürften einander entsprechende homologe männliche und ebenso auch einander entsprechende homologe weibliche Anlagen sich zu Paaren vereinigen. In den sich während der Prophasen der Reduktionsteilung bildenden, mit den geschlechtlichen Merkmalen ausgestatteten Paaren wären somit, von individuellen Abweichungen abgesehen, gleichwertige Elemente vertreten. So allein bleibt die Vollzahl auch aller geschlechtlichen Anlagen den aus der Reduktionsteilung hervorgehenden Kernen gesichert, während es sonst kommen könnte, daß nicht die sämtlichen für die Auslösung auch aller sekundärer geschlechtlicher Merkmale notwendigen Anlagen sich in demselben Kern zusammenfänden.

Eine andere Art der Vereinigung der Träger geschlechtlicher Merkmale in den Prophasen der Reduktionsteilung als die für getrenntgeschlechtliche Wesen eben angenommene, ließe sich für zwittrige Wesen, die beide Geschlechter auf demselben Individuum vereinigen, überhaupt kaum vorstellen. Andererseits muß die Annahme sehr unwahrscheinlich erscheinen, daß mit Trennung der Geschlechter die geschlechtlich gegensätzlichen Pangene, die getrennte Paare bildeten, die frühere Verbindung aufgeben und sich nunmehr untereinander paaren sollten. So sprechen denn alle Gründe dafür, daß der Unterschied zwischen zwittrigen und getrenntgeschlechtlichen Wesen nur darauf beruht, daß bei letzteren die Anlagen für das verschiedene Geschlecht sich in ihrer gleichzeitigen Tätigkeit ausschließen.

Trotzdem aber bestimmt angenommen werden muß, daß in den Kernen der getrenntgeschlechtlichen Organismen die Anlagen beider Geschlechter vertreten sind, gelang es bisher nicht, weder bei höher organisierten Tieren noch Pflanzen, das Geschlecht willkürlich zu beeinflussen. Auch die extremsten Mittel, die der Versuchsansteller zur Anwendung brachte, blieben ohne Wirkung. Das lehrte uns die grundlegende Arbeit von Eduard Pflüger für die Frösche, das zeigten die erschöpfenden Experimente von Oskar Schultze für die Mäuse, meine eigenen langjährigen Bemühungen an getrenntgeschlechtlichen Nelken sowie anderen diöcischen Phanerogamen, und auch Fr. Nolls Versuche mit Marchantia, einem getrenntgeschlechtlichen Lebermoos, das mit grünen, laubartigen Krusten oft Steine überzieht. Merkmale des späteren Geschlechts zeigten sich in allen diesen Fällen so frühzeitig am Keimling, daß die Annahme nahe lag, es sei sein Geschlecht schon mit Beginn der Entwickelung bestimmt gewesen. Bei den meisten getrenntgeschlechtlichen Phanerogamen pflegt die Tracht des Keimpflänzchens es bereits zu verraten, ob die fertige Pflanze männliche oder weibliche Blüten tragen werde. Es dominieren somit in dem Keimling von Anfang an die bevorzugten Pangene, die über sein Geschlecht entscheiden.

Andererseits haben aber Versuche mit zwitterigen Pflanzen und Tieren, welche die beiden Geschlechter an demselben Individuum vereinigen, es wiederholt durch passende Behandlung ermöglicht, das eine oder das andere Geschlecht an ihm zu fördern. Das gelang beispielsweise an manchen Prothallien (Fig. 8 A), den kleinen blattartigen Gebilden, die wir als die erste geschlechtliche Generation der Farnkräuter kennen gelernt haben. Bei schlechter Ernährung erzeugen solche Prothallien vielfach nur männliche Geschlechtsorgane und bringen es nicht bis zur Bildung der weiblichen. Reichliche Nahrungszufuhr läßt hingegen letztere vorwiegend, wenn nicht gar ausschließlich, auftreten. Die Ursache dieser Erscheinung ist in diesem Falle leicht einzusehen, da die weiblichen Geschlechtsorgane sich nur an mehrschichtigen Stellen der Farnprothallien bilden können, bei schlechter Ernährung die Prothallien aber einschichtig bleiben.

Auch sonst würde die Erzeugung weiblicher Geschlechtsorgane an schwachen Prothallien nicht vorteilhaft für die Species sein, da sie eine mangelhafte Förderung des aus dem Ei sich entwickelnden auf Kosten der Prothallien zunächst lebenden Keimes zur Folge hätte. Aehnliche Erscheinungen können sich selbst bei monöcischen Phanerogamen geltend machen, d. h. solchen Phanerogamen, welche ihre Geschlechtsorgane in verschiedenen Blüten erzeugen, diese aber auf demselben Individuum vereinigen. Schlecht ernährte Maispflanzen bilden nur männliche Blütenähren, die Wassermelone unter denselben Umständen nur männliche Blüten, somit keine Früchte. Doch ist dabei festzuhalten, daß es sich bei diesem Einfluß der Ernährung nicht um die Aenderung des vorhandenen Geschlechts, sondern nur um eine Förderung des einen der beiden an sich schon in Wirksamkeit befindlichen Geschlechter handelt. So auch verhielt es sich in den Versuchen von M. Nussbaum bei dem zwitterigen grauen Polypen des süßen Wassers, der nach dem höheren oder tieferen Grad der Ernährung Eier oder Hoden bildet.

Nur ein erfolgreicher Fall beabsichtigter Beeinflussung des Geschlechts bei einem getrenntgeschlechtlichen Wesen liegt vor, und zwar danken wir ihn den Versuchen von E. Maupas und M. Nussbaum. Dabei handelt es sich freilich um ein Wesen, das noch den unteren Abteilungen des Tierreichs zugezählt werden muß, um ein Rädertierchen des süßen Wassers, die Hydatina senta. M. Nussbaum faßt die hier gelungene Beeinflussung dahin zusammen, daß Weibchen, die nach dem Auskriechen aus dem Ei reichlich Nahrung finden, weibliche Brut erzeugen, männliche Brut hingegen, wenn sie um die gleiche Zeit hungern müssen. Aus den Eiern, welche eine gut ernährte Mutter legt, gehen somit Weibchen, aus den, welche eine schlecht ernährte Mutter liefert, Männchen hervor. Die Entwickelung beider vollzieht sich auf parthenogenetischem Wege. Das Geschlecht der Eier, nachdem es durch den Zustand der Mutter bestimmt wurde, läßt sich aber auch hier durch keinerlei Eingriffe weiterhin verändern. — Wohl auch durch reichlichere Nahrung veranlaßt, erfolgt bei den Blattläusen (Aphiden) im Sommer nur die Bildung von Weibchen. Im Herbst, wenn Nahrungsmangel sich einstellt, legen solche Weibchen auch männliche Eier. Die Männchen befruchten dann die Eier, welche den Winter überdauern sollen. Aehnliche Ursachen mögen entsprechende Erscheinungen auch bei den, unsere Tümpel bewohnenden kleinen, zu den Krebstieren gehörenden Daphniden bedingen.

Die Tatsache, daß in den geschilderten Fällen die Erzeugung des weiblichen Geschlechts durch bessere Ernährung gefördert wird, daß umgekehrt Nahrungsmangel zur Bildung des männlichen Geschlechts veranlagt, regte naturgemäß zu entsprechenden Versuchen mit höher organisierten Tieren und Pflanzen an, die aber völlig negativ ausfielen. Wollte man trotzdem die Annahme machen, daß auch bei diesen Wesen der Grad der Ernährung, die den Eianlagen zu teil wird, von Einfluß sei auf das Geschlecht der Nachkommen, die sie erzeugen, so müßte man weiter schließen, daß der jeweilige Ernährungszustand der Mutter nicht für die Ernährungsbedingungen der Eianlage zur Zeit ihrer Geschlechtsbestimmung entscheidend ist.

Das muß festgehalten werden gegenüber jenen Angaben, die auf unzureichende Erfahrung hin oder auf willkürlich herausgegriffene statistische Zahlen sich stützend, die Möglichkeit der Beeinflussung des Geschlechts der Nachkommen, im besonderen der von Haustieren und des Menschen, behaupten. Bis jetzt ist der Beweis für eine solche Beeinflussung nicht erbracht und zunächst nicht abzusehen, ob sie jemals gelingen werde. In diesem Sinne sind auch die Theorien des Wiener Embryologen S. Leop. Schenk zu beurteilen, die vor einiger Zeit durch die Presse gingen und dem entsprechend Aufsehen erregten.

Wie aus statistischen Daten, die, um Zufälligkeiten auszuschließen, sich auf sehr hohe Zahlen stützen müssen, hervorgeht, ist bei den getrenntgeschlechtlichen, höher organisierten Tieren und Pflanzen das Verhältnis der Geschlechter zueinander ein ganz bestimmtes. Es ist eine, je nach der Species etwas verschiedene, für diese selbst aber konstante Größe. Innerhalb einer und derselben Species können aber Rassen mit etwas voneinander abweichendem Verhältnis der Geschlechter sich ausgebildet haben, so wie das beispielsweise auch für bestimmte Menschenrassen und selbst für verschiedene derselben Rasse angehörende Völker nachgewiesen ist. Freilich handelt es sich im letzteren Falle meist nur um sehr geringe Unterschiede, so zwischen Frankreich und Italien um das Verhältnis von 104 bezw. 107 Knaben auf 100 Mädchen. Das Zahlenverhältnis der Geschlechter, wie es uns in einer gegebenen Species getrenntgeschlechtlicher höherer Pflanzen und Tiere entgegentritt, stellt das Ergebnis einer langen Züchtung dar und hat sich als besonders vorteilhaft bewährt. Es gehört zu den Merkmalen der Species und ist gegen zufällige Beeinflussung durch den Wechsel der äußeren Bedingungen sorgfältig gesichert. Sonst könnte es geschehen, daß letztere das Zahlenverhältnis zum Nachteil der Species, in dieser oder jener Richtung verschieben, es beispielsweise bewirken, daß nur Individuen des einen Geschlechts entstehen, und damit die ganze Fortpflanzung gefährdet wird. Daraus erklärt es sich, daß auch der Versuchsansteller, selbst mit extremen Aenderungen der Bedingungen, unter welchen die Individuen der betreffenden Art noch ihre Entwickelung zu vollziehen vermögen, in Hinsicht auf Geschlechtsbestimmung nichts erreichen kann. Die von inneren Gewebekomplexen sorgfältig umhüllten, den unmittelbaren Einwirkungen äußerer Einflüsse nach Möglichkeit entzogenen Geschlechtsprodukte, vornehmlich die Eier, bleiben eben unerreichbar. Wenn Parasiten unter Umständen mehr Einfluß erzielen, so ist es, weil sie es vermögen, bis zu den embryonalen Anlagen der Geschlechtsprodukte vorzudringen und sie unmittelbar anzugreifen.

Wie wir zuvor erfahren haben, vermögen die Weibchen des

Rädertierchens (Hydatina senta), der Blattläuse, bestimmter Krebstiere, Eier zu legen, aus welchen auf parthenogenetischem Wege, also ohne Beteiligung eines väterlichen Kerns, sowohl Männchen als Weibchen entstehen. In mehreren solcher Fälle zeichnen sich die Eier, aus welchen Weibchen hervorgehen sollen, durch bedeutendere Größe aus und sind als solche somit schon kenntlich. Das hat die Vorstellung erweckt, als sei das Geschlecht des späteren Individuums überhaupt in jedem reifen Ei vorbestimmt und durch die Befruchtung nicht mehr zu ändern. Neuerdings wird diese Ansicht besonders auch von dem Anatomen Oskar Schultze vertreten, und es läßt sich nicht leugnen, daß sie vieles für sich hat. Nicht, daß damit ausgeschlossen wäre, daß die dem väterlichen Kern entstammenden geschlechtlichen Pangene in den Nachkommen zur Wirkung kommen sollten, vielmehr so, daß die vom Vater stammenden Pangene des einen und anderen Geschlechts das Ei bereits männlich oder weiblich vorbestimmt finden und danach in Tätigkeit treten. Sie teilen ihre Wirksamkeit mit den gleichgeschlechtlichen Pangenen, die der mütterliche Kern liefert, äußern sich unter Umständen stärker wie jene oder werden von ihnen mehr oder weniger in ihrer Aeußerung überboten. — Eine Erscheinung, die durch ihre Häufigkeit auffällt und daher bei Tieren und beim Menschen als „gekreuzte Vererbung" besonders hervorgehoben wird, besteht in Dominieren der von der Mutter gelieferten Anlagen bei den männlichen, der vom Vater stammenden bei den weiblichen Nachkommen. Man könnte sich vorstellen, daß jene Pangene, die in der Mutter untätig waren, leichter die Vorherrschaft erlangen, wenn das Ei auf ihr Geschlecht gestimmt ist. Ihre Vorherrschaft mag die der anderen Pangene von gleichem Ursprung fördern und die Aehnlichkeit auf eine größere Summe von Merkmalen ausdehnen.

Gegen die Annahme einer geschlechtlichen Vorbestimmung des Eies wird das Verhalten der Bienen angeführt, bei welchen aus unbefruchteten Eiern, also parthenogenetisch, Männchen, die sogen. Drohnen hervorgehen, während befruchtete Eier Weibchen liefern. So könnte es scheinen, als wenn hier die Befruchtung über die

Bildung des weiblichen Geschlechts entscheide und dadurch erwiesen sei, daß sie einen maßgebenden Faktor bei der Geschlechtsbestimmung darstelle. Allein da ein solch einseitiger Einfluß der väterlichen Kerne auf das Geschlecht der Nachkommeu im anderen Falle ausgeschlossen erscheint, und die Befruchtung doch nicht allein sonst Weibchen liefert, so verlangt der Fall der Bienen eben eine andere Deutung. Daher neigt man vorherrschend jetzt zu dem Schlusse, daß es auch bei Bienen männlich und weiblich vorgebildete Eier gibt und nur die weiblichen allein auf Befruchtung eingerichtet sind.

Dann ist gegen die Vorbestimmung des Geschlechts im Ei das sogen. HOFACKER-SADLERsche Gesetz geltend gemacht worden, welches aussagt, daß beim Menschen die männlichen Nachkommen überwiegen, wenn der Vater älter als die Mutter ist, daß mehr Mädchen geboren werden, wenn das umgekehrte Verhältnis vorliegt, daß die Aussichten nur wenig günstiger für Knaben sind, wenn Vater und Mutter das gleiche Alter haben. Gegen die HOFACKER-SADLERschen Schlußfolgerungen sind aber von zahlreicher Seite so wichtige Einwände erhoben worden, daß es zum mindesten als sehr unerwiesen gelten muß. Diese und sonstige Angaben sowie umfassende statistische Zusammenstellungen schließen bis jetzt beim Menschen keinesfalls den alleinigen Einfluß der Frau auf das Geschlecht der Kinder aus. Für das Pferd wird von M. WILKENS auf Grund eines reichen statistischen Materials entschieden erklärt, daß nur das Alter der Stute für die Geschlechtsbeeinflussung in Betracht komme, und daß Stuten bei zunehmendem Alter, mit Hengsten jeglichen Alters, mehr Hengstgeburten liefern.

Es läßt sich denken, daß auch hierin, wie in so vielen anderen Leistungen sich eine Teilung der Aufgabe zwischen männlichen und weiblichen Geschlechtsprodukten vollzogen hat und daß durch Ueberweisung der Geschlechtsbestimmung an das Ei am besten das konstante Zahlenverhältnis der Geschlechter bei getrenntgeschlechtlichen Wesen gewährleistet wurde.

Schließlich wollen wir uns auch noch die Frage vorlegen, welcher Vorteil für den Organismus wohl aus jenem Austausch der Pangene erwachsen kann, der sich allem Anschein nach in den Gonotokonten innerhalb der verschmolzenen Iden vollzieht und dessen Wirkung durch die Trennung ganzer Chromosomen weiterhin noch verstärkt wird. AUGUST WEISMANN war schon im Anschluß an die Vorstellung, die er vom Aufbau der Chromosomen sich gebildet hatte und der Reduktionsteilung, deren Vorhandensein und deren Notwendigkeit er behauptete, dazu gelangt, die Geschlechtsprodukte jedes Lebewesens in Bezug auf ihren Gehalt an Vererbungsanlagen für verschieden voneinander zu halten. Aus der Vereinigung solcher Geschlechtsprodukte im Befruchtungsakt, den er als „Amphimixis" bezeichnete, sollte sich die sichtbare individuelle Verschiedenheit der Nachkommen ergeben. Sie sei es, welche die dauernde Beseitigung minderwertiger Kombinationen durch natürliche Zuchtwahl ermögliche und die Art auf der Höhe ihrer Anpassung erhalte. Zugleich schöpfe die natürliche Zuchtwahl in ihr das Material für die Bildung neuer Arten.

Gegen die letzte Verwertung der Befruchtung ist eingewandt worden, daß sie nur wechselnde Kombinationen schon vorhandener Merkmale bringe, nicht aber wirklich neue Anlagen schaffe, und daß der Ursprung dieser somit anderswo zu suchen sei.

Ich möchte auch nur der ersten Schlußfolgerung von WEISMANN beipflichten, daß nämlich die Amphimixis das Fortbestehen der Art fördert.

Für mich liegt der Hauptwert der Befruchtung im Ausgleich, den die individuellen Abweichungen durch sie erfahren. Fortgesetzt vermehren sich die Pangene durch Teilung und müssen durch Aneignung fremder Stoffe die Masse ihres Körpers ergänzen. In den Vegetationspunkten eines älteren Gewächses liegen Pangene vor, die durch millionenfach wiederholte Teilungsschritte von ihrem Ursprungspangen im Ei entfernt sind und einer entsprechenden Substanzvermehrung ihr Bestehen verdanken. Eine solche Zweiteilung der Pangene ließe sich mit der Fortpflanzung der Bakterien durch

Zweiteilung vergleichen, wenn sie auch wesentlich langsamer vor sich geht. Denn ein Bakterium kann schon jede halbe Stunde sich verdoppeln, während Kernteilungen bei höher organisierten Pflanzen um mindestens einen vollen Tag auseinander liegen und sonst auch längere Unterbrechungen erfahren dürften.

Durch extreme Einflüsse können die morphologischen und physiologischen Merkmale der Bakterien nicht unwesentlich verändert werden. Bei der Gleichmäßigkeit der Einflüsse, welchen die Pangene in den Vegetationspunkten einer höher organisierten Pflanze oder den Keimbahnen der Tiere ausgesetzt sind, wird ihre Veränderung sich dort unmerklich vollziehen, daher auch ein tausendjähriger Baum noch immer aus seinen Knospen die nämlichen Triebe entfaltet. Immerhin dürfte die ununterbrochene Ergänzung der Substanz nicht ganz wirkungslos bleiben und von dem wandelbaren Zustande der Ernährungsbedingungen sicherlich beeinflußt werden. Daher ein Ausgleich, wie ihn die Amphimixis bietet, unter allen Umständen erwünscht ist. Im besonderen wird letztere auch stärkere Abweichungen der Nachkommen durch Verteilung übereinstimmend abgeänderter Pangene auf verschiedene Geschlechtsprodukte abschwächen und so eine pathologische Steigerung ihres Zusammenwirkens hindern. Die aus der Amphimixis sich ergebenden Vorteile wirken in gleicher Richtung wie jene, die der Species aus der Kreuzung ihrer einzelnen Individuen erwachsen. Auch da wird durch besondere Einrichtungen, wie das so häufige ungleichzeitige Reifen der Geschlechtsprodukte bei Pflanzen, wie die Verteilung der Geschlechter auf verschiedene Individuen bei Tieren und Pflanzen, die Selbstbefruchtung verhindert. Die nachteiligen Folgen der Inzucht vermag die Amphimixis durch die Mischungen, welche sie vornimmt, zeitweilig abzuschwächen, freilich bei längerer Dauer nicht zu verhindern.

Die verschiedenartige Zusammensetzung der Geschlechtsprodukte bringt es schlechterdings mit sich, daß die Nachkommen desselben Elternpaares, selbst die aus den Samen derselben Samenkapsel erzeugten Pflanzen oder die demselben Wurf entstammenden

Tiere, einander nicht vollständig gleichen. Von zwei menschlichen Zwillingen, die, wie es vorkommen kann, einander so ähnlich sind, daß sie selbst von ihren Eltern verwechselt werden, läßt sich mit Bestimmtheit behaupten, daß sie nicht aus verschiedenen, von zwei verschiedenen Samenfäden befruchteten Eiern, sondern aus einem einzigen befruchteten Ei, das zwei Keimen den Ursprung gab, hervorgingen. Seitdem Hans Driesch nachwies, daß die ersten Furchungszellen befruchteter Echinodermeneier, wenn sie durch Schütteln voneinander getrennt werden, sich zu vollständigen Tieren entwickeln können, hat eine solche Annahme die experimentelle Grundlage gewonnen.

Zugleich mit dem durch den Ausgleich der Abweichungen gebotenen, erwächst aus der Amphimixis für jede Species auch ein anderer wichtiger Gewinn. Denn die Mischung der Pangene stattet die Individuen innerhalb des Kreises der ihnen zu Gebote stehenden Fähigkeiten in der mannigfaltigsten Weise aus. Sie finden sich dann um so leichter in die Verschiedenheit der ihnen gebotenen Lebensbedingungen hinein und treten entsprechend besser ausgerüstet ein in den Wettbewerb mit anderen Arten.

Frommannsche Buchdruckerei (Hermann Pohle) in Jena. — 2951

www.ingramcontent.com/pod-product-compliance
Lightning Source LLC
LaVergne TN
LVHW051631071026
849535LV00009BA/3535